Ellen Drost

Das blinde Pferd: Haltung, Pflege und Arbeit

Ein Ratgeber

Ellen Drost

Das blinde Pferd: Haltung, Pflege und Arbeit

Ein Ratgeber

WiSa

Bibliografische Information der Deutschen Nationalbibliothek
Die Deutsche Nationalbibliothek verzeichnet diese Publikation in der Deutschen Nationalbibliografie; detaillierte bibliografische Daten sind im Internet über http://dnb.d-nb.de abrufbar.

Bibliographic information published by the Deutsche Nationalbibliothek
Die Deutsche Nationalbibliothek lists this publication in the Deutsche Nationalbibliografie; detailed bibliographic data are available in the Internet at http://dnb.d-nb.de.

Abbildungen: © leafart - Fotolia.com

ISBN: 978-3-95538-012-0

Stuttgart 2014

*In Erinnerung an ein
ganz besonderes Pferd:*

Nantan-Geronimo

Dank

Ein großes Dankeschön für die Fotos in diesem Buch geht an Maite und ihr Pferd Bommel, Sylvia Lohr und ihr Pferd Dennis, Eveline Tejero und ihr Pferd Lucero, Vivienne und ihr Pferd Hatifa. Auch Karin Liese danke ich für einen Teil der Fotos.

Ebenfalls danke ich allen, die mir geholfen haben: Meinem Mann Jörg und meinem Sohn Mika und insbesondere meiner Tochter Viviane und meiner Reitbeteiligung Clara. Eveline Tejero für ihre ergreifende Geschichte und mutmachenden Worte. Carola Hartjes für ihr Nachwort und Isolde Neid, die sich so rührend um Nantan gekümmert hat. Dr. Dieter Vahldieck, ebenso Ewa und Jens Boßler und Dr. S. Sauer, die Tierärzte, welche Tag und Nacht für Nantan da waren. Barbara Tobor für ihre nützlichen Tipps, und alle anderen, die mich unterstützt haben und die ich hier nicht erwähnt habe!

Ellen Drost im Juli 2014

Für Sina, Hanna und Bendix ...

Inhalt

Nantan –

Du hast mir Türen geöffnet, die mir sonst verschlossen geblieben wären.

Du hast mir neue Wege gezeigt und bist sie mit mir gegangen.

Du hast mir die Augen geöffnet.

Du warst mein Lehrmeister und auch mein Schüler.

Ohne Dich stünde ich heute nicht hier.

Danke, mein Freund!

Vorwort

Mit diesem Buch liegt Ihnen ein Ratgeber in den Händen, der auf wirklich authentisch durchlebten Erfahrungen beruht. Er wird Ihnen sicher in vielerlei Hinsicht helfen, mit einem blinden Pferd im Alltag zurechtzukommen.

In einfühlsamen Schilderungen zeigt Ellen Drost auf, wie Sie die oft ungeplanten Herausforderungen mit einem blinden Pferd überwinden können. Sie erhalten viele praktische Anleitungen und Tipps im Umgang mit blinden Pferden und damit auch Hilfestellung zum Fällen schwieriger Entscheidungen. Nicht zuletzt gewährt die Autorin einen leidenschaftlichen Einblick in die Beziehung zu ihrem Pferd Nantan.

Steffi & Christoph Schade
(Familie Peter Pfister)

Vorweg

Dieses Buch soll ein Ratgeber sein und kann nur Hilfestellung leisten. Es ist bewusst kurz und allgemein verständlich gehalten, es geht nicht genauer auf verschiedene Reitweisen und Methoden ein. Darüber gibt es bereits genug gute Bücher, und jeder sollte für sich entscheiden, was für ihn oder sie das Richtige ist. Für alle Tätigkeiten am Pferd ist nur der richtige Umgang, auch bekannt als »Horsemanship«, wichtig. Es ist die Kunst, mit Pferden so natürlich und so pferdegerecht wie möglich, also pferdeverständlich, umzugehen.

Das ist nichts Neues, es ist nur neu entdeckt. Unser Denken hat sich gewandelt. Früher war es wichtig, gut auf sein Vieh aufzupassen – es war einfach lebensnotwendig. Im alten Germanien gab es für Vieh und Geld nur ein Wort. Das zeigt ganz deutlich, wie wichtig die Tiere für den Menschen waren. Heute steht die Partnerschaft zwischen Mensch und Tier im Vordergrund. Diese sollte harmonisch sein und auch für das Pferd Sinn ergeben.

Dabei sollte das Pferd bei der Arbeit nicht überfordert werden. Methoden oder Hilfsmittel, die Schmerzen oder Angst bereiten, dürfen nicht angewandt werden. Der Reiter/Besitzer ist für das Wohl seines Tieres verantwortlich. Ein guter Partner versteht die Körpersprache seines Pferdes und weiß, diese zu deuten und mit seinem Pferd zu kommunizieren. Dabei entstehen Führungsqualitäten, die mit den folgenden Hinweisen ausgebaut und erhalten werden können.

Das ist keine Zauberei. Der Schlüssel zum Erfolg ist Geduld und die damit investierte Zeit und Ausdauer. Dafür reicht es eben nicht aus, sein Pferd einmal die Woche zu reiten oder mal vorbeizuschauen. Pferdesprache ist nichts anderes als eine Fremdsprache, und die kann man auch nicht lernen, indem man einmal in der Woche eine Stunde Vokabeln lernt. Das gleiche gilt auch für das Pferd: Je länger und intensiver es seinen Reiter kennt, umso besser und schneller wird es ihn verstehen und das Gewünschte umsetzen.

Dieses Buch soll Menschen helfen, die sich in einer ähnlichen Situation wie ich befinden, Menschen, die sich neuen Dingen öffnen können, nicht aufgeben wollen, Hoffnung tragen. Aber bedenken Sie, dass Pferdehalter, die schon vor der Erblindung ihres Pferdes ein schlechtes Vertrauensverhältnis zu ihm hatten, es nach der Erblindung nur noch schwerer haben werden. Es bringt nichts, ein altes Pferd, das mit der neuen Situation nicht fertig wird, aus falsch verstandener Tierliebe leiden zu lassen. Das Pferd (gesund oder blind) braucht einen starken Partner (Besitzer), an dem es sich orientieren kann. Ein mental starker Pferdehalter stärkt auch sein Pferd, ein ängstlicher Besitzer verunsichert es.

Man sagt Hundehaltern nach, dass diese ihren Hunden mit der Zeit immer ähnlicher werden. Ich habe festgestellt, dass dies zum Teil auch auf Pferdehalter übertragbar ist (natürlich nicht äußerlich). Meist hat ein ruhiges Pferd auch einen ruhigen Besitzer und das nervöse Tier einen vielleicht etwas »hibbeligeren« Partner. Aber auch das Pferd vermag seinen Besitzer zu formen. Ich war anfangs ungeduldig und auch manchmal ungerecht meinem Pferd gegenüber, aber mein »Schimmelchen« hat mich zu einem etwas besseren Menschen gemacht. Ich habe gelernt, zuzuhören und meine Umwelt besser wahrzunehmen.

Wichtig ist nur: Urteilen Sie nicht vorschnell!

Geben Sie sich und Ihrem Tier **Zeit**. Sollten Sie sich nicht sicher sein, fragen Sie Ihren Tierarzt oder holen Sie sich Hilfe und Rat von pferdeerfahrenen Menschen in Ihrer Nähe.

Für mein treues Pferd Nantan-Geronimo

Der Vater meines Nantans war Geronimo, ein wunderschöner gepunkteter Knappstrupper-Hengst. Seine Mutter hieß Konschita und war eine bunte Appaloosa-Stute. Leider haben seine Eltern Nantan kaum Farbe vererbt, denn er war fast ausschließlich weiß. Als Fohlen hatte er rote Ohren, deshalb nannten wir ihn anfangs »Boris«. Zum Glück wurden diese dann auch irgendwann weiß, und bis auf ein paar dunkle Flecken hier und da war er für mich der schönste Schimmel überhaupt.

Leider ist Nantan, dieses großartige Pferd, während der Fertigstellung dieses Ratgebers verstorben. Er hat mich 19 Jahre meines Lebens begleitet. Ich hätte mir nie zu träumen gewagt, dass dieses kleine Fohlen mein Herz so erobern würde.

Nantan war zum Ende seines Lebens nicht »nur« blind, sondern er litt auch unter dem Cushing-Syndrom, einer Stoffwechselerkrankung. Diese Erkrankung führte zu Hufrehen, einer Senkung des Hufbeines, welche bei ihm so hochgradig war, dass die Gefahr des Hufbeindurchbruches bestand. Zuletzt biss er sich vor lauter Scherzen in die Füße – wir mussten ihn erlösen, damit sein Leid endlich ein Ende haben konnte.

Er war mein größter Traum – mein Wunschpferd – und er wird immer in meinem/unseren Herzen bleiben.

Nantans Krankengeschichte

Ewa Gizewska-Boßler
»Rehe«/Hufbeinsenkung-behandelnde Tierärztin

Ich habe Nantan kennengelernt, als er im fortgeschrittenen Stadium seiner Krankheit als stationärer Patient bei uns aufgenommen wurde. Ganz sicher gibt es im Leben jedes Tierarztes Patienten, die er zwar mit Hingabe betreut, aber im Laufe der Jahre einfach vergisst, oder auch solche, die er in Gedanken weiterziehen lässt. Und es gibt wiederum andere, die er für immer mit sich trägt, weil sie ihn entweder medizinisch oder auch menschlich haben reifen lassen.

Zu den zweiten wird für mich für immer Nantan gehören. Er ist in unserer stationären Abteilung mit uns alleine geblieben, ohne seine Bezugsperson Ellen.

Zu diesem Zeitpunkt hatte er schon hochgradige Schmerzen und musste intensiv tierärztlich betreut werden. Er kannte weder uns noch die räumliche Verteilung in unseren Stallungen, trotzdem hat man sein Handicap in keinster Weise gemerkt.

Wie auch immer er das gemacht hat: Er hat sich in jeder Situation ohne geringste Probleme zurechtgefunden. Wer nicht wusste, dass er blind ist, dem wollte er das auch nicht verraten. Er war voller Vertrauen und absolut gelassen. Mit unglaublicher Geduld und Würde ließ er seine Bäder und Spritzen über sich ergehen. Ich muss zugeben, dass ich blinden Pferden gegenüber sehr skeptisch war und bleibe. Es bedarf viel Hingabe, Verständnis und vieeeeel Pferdeverstand, um diesen Tieren ein artgerechtes Leben zu ermöglichen.

Man muss nicht nur lernen, sie zu führen, aber auch zu beschäftigen und mit anderen Pferden zu integrieren. Es ist eine immense Aufgabe, der nicht jeder gewachsen ist. Man muss als Leittier für zwei sehen und für zwei entscheiden, beiden die Sicherheit und Gelassenheit geben.

Nantan hat am Ende den Kampf gegen die Krankheit verloren, ist aber mit dem gleichen Vertrauen seiner Besitzerin auf die andere Seite gefolgt, wie er das bis dahin immer getan hatte. Ich denke, dass blinde Pferde eine Chance verdienen, aber eine reelle, keine, die sie durch falsches Mitleid zu Gefangenen macht.

Falls es einen Himmel für Tiere geben sollte - vielleicht sieht Nantan hier wieder. Aber vielleicht braucht er das gar nicht?

»Man sieht nur mit dem Herzen gut.
Das Wesentliche ist für die Augen unsichtbar.«

Antoine de Saint-Exupéry (Werk: Der Kleine Prinz)

*»On ne voit bien qu'avec le cœur.
L'essentiel est invisible pour les yeux.«*

Das größte Glück der Erde ist das Reiten blinder Pferde

Wir kümmern uns mit Recht um Behinderte und vernachlässigte Menschen in der Gesellschaft. Wieso aber kann man Tieren, die mit ihrer Behinderung zurechtkommen und Lebensmut zeigen, nicht auch solche Rechte eingestehen? Warum höre ich immer wieder, ein blindes Pferd müsste eingeschläfert werden, da es nicht mit seiner Blindheit zurechtkommen würde? Keine Lebensqualität genieße? Sich und Andere gefährde?

Natürlich gibt es immer den Ausnahmefall, aber grundsätzlich gibt es keinen Grund, ein blindes Pferd aufzugeben. Das Gegenteil ist der Fall!

Ein blindes Pferd kann auch ein glückliches Leben führen!

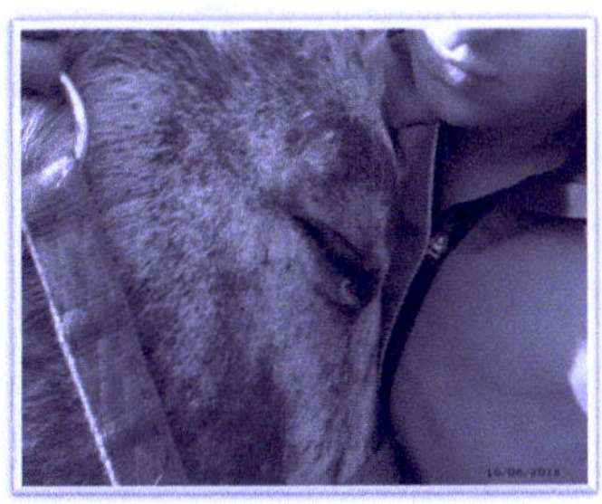

Hier Nantan mit meiner Tochter Viviane und Bommel mit Maite

Das Vertrauen des blinden Pferdes zu seinem Besitzer ist für beide ein unbezahlbares Geschenk.

Tina und Mag

Helles Kinderlachen, freudiges Stimmengewirr und Sonnenschein - wir befinden uns auf dem Reitplatz und gleich wird eine besondere Reitstunde beginnen. Drei Pferde und drei Reiter warten darauf, dass es anfängt. Endlich können sie aufsitzen, und schon geht es los.

Dies könnte eine beliebige Reitstunde überall im Land sein, wäre da nicht der kleine Schimmel am Anfang der Tête. Der Schimmel heißt Nantan-Geronimo und ist blind.

Nantan war nicht immer blind. Er erkrankte mit ca. 10 Jahren an einer periodischen Augenentzündung, auch als Mondblindheit bekannt. Bis dahin war er kerngesund. Es begann schleichend, auf dem linken Auge. Die Bindehaut war gerötet und der Tränenkanal verstopft, sodass er »weinte«. Er wurde mit Salben, Tropfen, Spülungen und Tabletten therapiert, und ich zog ihm Fliegenhäubchen auf, weil diese die Fliegen von den Augen fernhielten.

Aber es wurde nicht wirklich besser. Irgendwann kamen Schmerzen dazu (er ließ sich im Bereich des Auges nicht mehr anfassen, und das Auge war geschwollen und gerötet). Also fuhren wir in die Klinik. Nach der Untersuchung der Schock: Linsenablösung auf dem linken Auge und Fibrinablagerung auf dem rechten Auge.

Das hieß: Das linke Auge war zu diesem Zeitpunkt schon blind und nicht mehr zu retten.

Mir wurde geraten, mein Pferd in einer Spezialklinik operieren zu lassen. Das machten wir dann auch. Wir brachten Nantan in die Tierklinik Hochmoor, dort wurde er von Prof. Dr. Dr. József Tóth med. Vet, PhD, Dsc. behandelt. Das linke Auge wurde verödet und am rechten Auge wurde eine Vitrektomie (siehe Kapitel Augenerkrankungen) durchgeführt.

Nun kehrte eine Ruhepause ein, die nicht lange anhielt. Das linke Auge schmerzte weiter. Um meinem Pferd auf Dauer zu helfen, entschloss ich mich, das kranke Auge entfernen zu lassen. Es wurde ihm eine Prothese in die Augenhöhle eingepasst und darüber die Augenlieder vernäht. Ich entschied mich für eine Prothese, weil mich ein Loch in Nantans Kopf doch sehr gestört hätte - notwendig war es aber nicht.

Das andere Auge fiel etwas ein, bereitete ihm aber weiter keine Probleme. Ich nehme an, dass er dort nur noch etwas Helligkeit wahrnehmen kann, da er sich nachts unsicherer bewegte als tagsüber.

Jetzt war mein Pferd blind - und nun?

Ich habe schon immer Pferde geliebt. Mit 22 Jahren hatte ich das erste eigene: Nantan, einen Knappstrupper-Mix.

Aber bevor ich mir den Traum von einem eigenen Pferd verwirklichen konnte, musste ich noch viel lernen. Anfangs war es alles andere als leicht. Eine meiner stärksten Erinnerungen ist wohl auch einer meiner peinlichsten. Ich weiß nicht mehr genau, wie alt ich war, ich ging auf jeden Fall noch zur Schule und träumte wie jedes Mädchen von einem eigenen Pferd. Aber als Tochter einer Arbeiterfamilie in einer Großstadt wie Erfurt war dies natürlich ein Ding der Unmöglichkeit. Meine größte Errungenschaft waren ein Hamster und ein Wellensittich - wahrlich schwierig, diese zu putzen und mit ihnen ins Gelände zu reiten.

Deshalb überzeugte ich meine Eltern, mich in einer Reitschule anzumelden. Diese lag etwas weiter außerhalb der Stadt. Sie gehörte zur Pferderennbahn Boxberg in Gotha. Die Betreiber stellten ihre alten, ausgedienten Rennpferde für den Reitunterricht zur Verfügung. Also fuhren mich meine Eltern zur ersten Reitstunde meines Lebens. Wie fast alle Kinder war ich der Meinung, dass ich reiten konnte, ich hielt mich sowieso für ein Naturtalent. Jedenfalls konnte es ja nicht so schwer sein, da ja die Leute im Fernsehen auch alle reiten konnten oder es innerhalb kurzer Zeit lernten, und es sah ja so leicht aus. Was für ein Trugschluss!

Ich konnte es kaum erwarten, endlich auf dem Pferd zu sitzen. Ich saß im Auto wie auf heißen Kohlen und die Fahrt kam mir ewig vor. Im Stall ließ uns eine sehr nette Reitlehrerin Aufstellung nehmen. Sie fragte uns, ob wir reiten könnten, und wir antworteten natürlich alle mit Ja. Dass dem nicht so war, sollte sich sehr schnell zeigen. Wir sattelten die Pferde, stiegen auf, und ab ging es ins Gelände. Oh, wie schön das war, die Sonne schien und selbst die Bäume waren grüner als sonst, alles war herrlich. Ich hatte Schmetterlinge im Bauch, ich wollte nie wieder absteigen!

Nun, wir befanden uns im Schritt - noch! Irgendwann gab die Reitlehrerin das Signal zum Antraben und ab da ging gar nichts mehr. Mein Interesse an der Umwelt war schlagartig verflogen, jetzt ging es ums Überleben. Ich hüpfte auf dem Pferderücken wie ein kleiner Gummiball und hielt mich krampfhaft an irgendwelchen Lederteilen fest. Dass ich nicht hinunterfiel, hatte ich nur meinem braven Pferd zu verdanken, welches keine Anstalten machte, mich loszuwerden. Als meine Reitlehrerin sich umschaute, bemerkte sie natürlich gleich, wie es um meine Reitkünste bestellt war, und ließ die ganze Gruppe kehrtmachen.

Alle mussten zurück zum Stall - und das wegen mir! Ich hätte im Boden versinken können vor lauter Scham, aber noch schlimmer war, dass alle anderen wieder ins Gelände durften, nachdem sie mich im Stall abgeliefert hatten. Nun, ich hätte jetzt den Schwanz einziehen und mich nie wieder blicken lassen können. Das tat ich aber nicht! Ich buchte die nächste Reitstunde, aber wohlweislich in der Halle und als Anfänger. Und so machte ich meine ersten Reiterfahrungen und lernte auf diesen tollen Pferden auch das Traben und Galoppieren, aber vor allem den Umgang mit ihnen.

Eine weitere schöne Erinnerung ist meine Zeit auf Mallorca. Als Urlauber dort auf einer romantischen Finca hängengeblieben, kümmerte ich mich zwei Sommer lang um die finca-eigenen Pferde. Diese wurden den Gästen für geführte Geländeausritte zur Verfügung gestellt. Es waren mit die schönsten Jahre meines Lebens. Wer einmal am Meeresstrand galoppieren und die Gischt der See an seinen Beinen spüren durfte, wird mich verstehen.

Ich hatte später noch einmal das Glück mit meinem Schimmel Urlaub am Meer, in Holland, machen zu können und kann allen, die diese Möglichkeit haben, nur raten, das auch zu tun. Es wird unvergessen bleiben.

Sultan und ich auf Mallorca

Als ich Nantan bekam, war er ein halbes Jahr alt. Gekauft habe ich ihn aber, als er sich noch im Bauch seiner Mutter Konchita befand. Ich wollte ein »Pipi-Langstrumpf-Pferd«, so schön gepunktet wie der »kleine Onkel«. Da sein Vater so eine schöne Zeichnung besaß und auch seine Mutter sehr schön gescheckt war, würde ihr Fohlen wohl auch so aussehen, dachte ich. Nun ja, die Natur macht, was sie will. Nantan hatte beschlossen, weiß zu sein, und da man ohnehin nicht auf der Farbe reitet, war es nicht so schlimm. Und ehrlich gesagt gefiel mir Nantan als Schimmel noch viel besser.

Nantan war also gerade erst abgesetzt, als ich ihn bekam. An Reiten war damit noch nicht zu denken, und so habe ich geschmust, geputzt und bin mit ihm spazieren gegangen. Da er aber schon immer sehr schlau war, sich Türen und Knoten einfach öffnete und auch Zäune ihn nicht wirklich aufhielten, fing ich an, spielerisch mit ihm zu arbeiten. Auf dem Reitplatz legte ich mal eine Stange auf den Boden, beim Spazierengehen kletterten wir über einen Baumstamm und so weiter.

Als er zwei wurde, beschloss ich, ihn vor den Sulky zu spannen. Zuvor hatte ich ihn schon anlongiert, an das Geschirr gewöhnt und ihn ein paar Dinge ziehen lassen. Es klappte auf Anhieb. Mit drei Jahren war er alt genug, um eingeritten zu werden. Auch darauf hatte ich ihn schon vorbereitet. Er wurde an Decke, Sattel und Trense gewöhnt und auch damit longiert. Da er vor der Kutsche lief, hatte er schon Muskulatur aufgebaut und sich an viele Dinge gewöhnt. Daher war auch das Einreiten ein Kinderspiel.

Mit 4 Jahren gewann er seinen ersten Trail-Wettbewerb. Wir machten zusammen das Reitabzeichen und später den Berittführer.

Aber reiten allein reichte uns nicht. Ich hörte von Horsemanship und Freiheitsdressur und war infiziert. Ich besuchte Kurse bei Monty Roberts, Peter Pfister, Uwe Jourdain und ein oder zwei Pat-Parelli-Instruktoren.

Aber ich habe immer meinen eigenen Weg verfolgt und bin mir so selbst treu geblieben!

In dieser Zeit lernte Nantan Dinge wie:

- Spanischen Schritt
- Kompliment
- Steigen
- Liegen
- Neinsagen
- Podest-Arbeit
- Rückwärts auf den Pferdeanhänger gehen
- und vieles andere

Er war einfach wunderbar – und dann wurde er blind. Nach dem anfänglichen Schock quälte ich mich mit einer Entscheidung. Sollte ich ihn einschläfern lassen? Stand das überhaupt zur Debatte? Nein! Ich würde nicht zulassen, dass der Verlust des Augenlichts sein Ende bedeuten sollte.

Nantan hatte schon immer ein großes Herz und viel Lebensmut. Aber ich wusste nicht, ob er auch als blindes Pferd zurechtkommen würde. Dennoch – ich entschied mich für ihn.

Es war der einzig richtige Weg
und im Nachhinein ein großes Geschenk an mich.

Ich stehe nicht allein da. Es gibt viele Menschen, denen es ähnlich erging und die diese Chance genutzt haben. Ein Beispiel sind Eveline und ihr Pferd Lucero. Dazu ihre Geschichte:

»Die Diagnose des Augenspezialisten vor drei Jahren traf mich wie ein Schlag. Mein junger, wunderbarer PRE-Wallach ist blind. Nachdem der Arzt ausgesprochen hatte, dass mein Pferd höchstens noch hell von dunkel unterscheiden könne und somit medizinisch gesehen als blind gelte, hatte ich das Gefühl, dass man mir von einer Sekunde zur anderen den Boden unter den Füßen weggezogen hatte. Obwohl ich aufgrund Luceros Vorgeschichte mit dieser Diagnose rechnen musste, war das für mich ein herber Schlag. Eine unglaubliche Traurigkeit zog mich tief in ein dunkles Loch und mit mir wurde auch mein Traum, meinen jungen, talentierten PRE in klassischer Dressur auszubilden, in den Abgrund gerissen. Eine lähmende Leere hüllte mich ein, nachdem ich mit diesem unwiderruflichen Urteil konfrontiert wurde.

Ich war verzweifelt. Ich hatte das Gefühl, ich hätte mit jeder anderen Diagnose besser umgehen können. Ich dachte, ein Pferd mit einem Sehnenschaden, Kissing Spines oder einem Lungenproblem könne man wenigstens noch auf eine Weide geben. Aber was macht man mit einem blinden Pferd, noch dazu mit einem so jungen, temperamentvollen und arbeitseifrigen Spanier, der schon durch seine Charakterstärke nicht einfach im Handling war?

Mein Umfeld machte mir wenig Mut. Ich musste mir viele nicht gerade erbauliche Kommentare anhören. Meine damalige Reitlehrerin meinte: ›Ein Pferd, welches nicht mehr auf einer Weide herumgaloppieren kann, hat kaum mehr Lebensqualität.‹ Ich solle ihm und mir einen Gefallen tun und ihn erlösen. Dann kamen auch besorgte Kommentare und Fragen bezüglich meiner eigenen Sicherheit. Ich wurde darauf hingewiesen, dass ich als Mutter von zwei Kindern eine große Verantwortung hätte und keine zusätzlichen Risiken eingehen sollte. Reiten sei ja auch sonst schon sehr gefährlich!

Es folgte für mich eine lange Zeit der Zerrissenheit und der Traurigkeit. Ich schwankte zwischen Verzweiflung und Hoffnung auf ein Wunder. Ich hielt mich an jedem Strohhalm fest, der sich mir anbot. Ich gab Unmengen von Geld für unzählige Therapien und Behandlungen aus, habe mich allen möglichen Heilarten zugewandt, vieles ausprobiert und immer wieder den Heilversprechungen von gewissen Therapeuten Hoffnung geschenkt. Ich wurde allerdings stets unerbittlich auf den Boden der Realität zurückgeholt. Für Lucero war diese Zeit, in der sich sein Sehvermögen so schnell verschlechterte, eine schwere Zeit. Er hatte Mühe, sich zurechtzufinden, und war völlig verloren. Halt und Sicherheit konnte ich ihm nicht geben, ich hatte selber keinen Boden unter den Füßen mehr.

Dabei hätte Lucero nichts mehr gebraucht, als einen guten Freund, der ihn führt, der ihm Halt gibt, dem er vertrauen konnte und der ihn von der Dunkelheit ins Licht führte. Ich hatte zwei Möglichkeiten. Entweder ich beendete sein Leben oder ich stellte mich meiner eigenen Zerrissenheit und nahm dieses Schicksal, ein blindes Pferd zu haben, als Chance an. Ich gebe zu, es war keine einfache Entscheidung, und es fiel mir schwer, mich von meinen Ambitionen verabschieden zu müssen.

Ich realisierte, dass ich in erster Linie an mir arbeiten musste, wenn ich Lucero trotz Blindheit ein glückliches Leben ermöglichen wollte. Ich musste in den Spiegel schauen, den mir Lucero hinhielt. Ich realisierte, dass nicht mein Pferd Mühe hatte mit dem Schicksal, blind zu sein, sondern ich. Ich war es, die mit der Erblindung nicht klarkommen wollte, nicht mein Pferd. Ich fühlte mich um mein Recht betrogen, ein gesundes, vitales Pferd reiten zu dürfen, und sah keine Perspektiven.

Dabei hätte ich es mir um einiges leichter machen können. Mein Verstand war es, der mir einzureden versuchte, dass es untragbar sei, ein blindes Pferd zu halten und dann auch noch zu reiten. Wie eingeschränkt doch unser Denken ist! Pferde hadern nicht mit dem Schicksal, sie hinterfragen nicht. Ein Pferd ist jederzeit präsent im Hier und Jetzt. Pferde stellen sich auf neue Gegebenheiten ein und machen das Beste daraus. Was ein blindes Pferd braucht, ist Führung, Vertrauen, Geduld und Zeit. Damit ist alles möglich!

Ich musste also mein Herz öffnen und meine eigenen Grenzen überschreiten. Ich musste mich lösen von einigen meiner Überzeugungen, von alten Glaubensmustern, die mich durch meine Erziehung und meine Erfahrungen geprägt hatten. Ich musste mich aus der Sicherheitszone des Verstandes und der

Vernunft herausbewegen und mich öffnen für neue Wege, neue Erfahrungen. Mit anderen Worten: Ich musste mein Herz öffnen!

Sicher ist es so, dass ein Pferd, das plötzlich erblindet, Zeit braucht, um sich umzustellen und seine verbliebenen Sinne zu schärfen. Wenn wir aber dazu bereit sind, die Führung zu übernehmen und dem Pferd die benötigte Zeit schenken, bis es in seinem Vertrauen gestärkt ist, wird es sich in jeder Situation auf unsere Führung verlassen und durch unsere Augen sehen können. Es wird »blind« vertrauen.

Pferde können uns in neue Dimensionen führen. Die Verbundenheit, welche entsteht, wenn ein Pferd einem voll und ganz vertraut, ist unendlich bereichernd. So, wie ich Lucero durch seine Dunkelheit führte, so führte Lucero mich auf den Weg zu mir selbst. Einfach war es nicht. Es war ein langer Weg der Demut, der Bescheidenheit, der Geduld, der Selbstreflexion.

Heute kann ich sagen, dass Lucero mir durch seine Blindheit die Augen geöffnet hat. Lucero hat mich gelehrt, mit dem Herzen zu sehen, auf meine eigene Intuition zu hören und vertrauensvoll meinen Weg zu gehen. Was für eine Bereicherung!

Er war mir ein großartiger Lehrmeister auf meinem Weg von meiner inneren Zerrissenheit zum inneren Gleichgewicht. Wäre Lucero nicht erblindet, hätte ich wohl kaum die Grenzen meiner einschränkenden Wahrnehmung überwunden. Ich hätte es zweifellos genossen, ein tolles Pferd mit Talent und tollen Gängen zu reiten, aber meine innere Freiheit, den Zugang zu meiner Seele, diese Ebene, auf der der Verstand kaum mehr das Sagen hat, sondern alles aus dem Herzen heraus geschieht, hätte ich ohne Luceros Erblindung nicht gefunden.

Durch meine Erfahrungen mit Lucero kann ich aus Überzeugung alle, die mit blinden Pferden zu tun haben, aus tiefem

Herzen ermutigen: Öffnen Sie Ihr Herz! Nehmen Sie das Schicksal als Chance an! Wenn wir es zulassen und unsere Herzen öffnen, erkennen wir, welch großartige Lehrmeister unsere Pferde sind. Sie können uns den Schritt in eine neue Dimension zeigen. Sie können uns zeigen, wie man sich Flügel wachsen lassen und über seine eigenen Grenzen hinaus schreiten kann.

Ohne Lucero wäre ich kaum zu dieser Erkenntnis gekommen. Ich hätte es kaum gewagt, in die Tiefen meines Seins vorzudringen. Ich bin dir unendlich dankbar, mein weiser Lucero! Ich bin heute der festen Überzeugung, dass uns die Pferde in vielerlei Hinsicht weit voraus sind. Sie sind so viel weiser, als wir es mit unseren einschränkenden Wahrnehmungen und Sichtweisen wohl jemals sein werden. Wagen Sie es, über alle einschränkenden Glaubens- und Gedankenmuster hinauszuwachsen und den Weg des Herzens und des Fühlens zu gehen, ein Weg, der uns in eine andere Dimension führen kann.

Ich wünsche allen, die mit Pferden zu tun haben, dass sie die Großartigkeit in der Seele ihres Pferdes erkennen. Geben sie den Glauben und Hoffnung niemals auf. Alles ist möglich – auch mit einem blinden Pferd. Lucero ist heute 10 Jahre alt und führt ein glückliches Pferdeleben. Wir reiten fast täglich aus, ein- bis zweimal wöchentlich verladen wir und fahren in die Reithalle, wir nehmen Unterricht in klassischer Dressur und Lucero freut sich jedes Mal, wenn er in den Hänger steigen darf. Wir können trotz Sehbehinderung (fast) alles machen, einfach alles ein bisschen tiefer und inniger.« (Eveline Tejero)

Dies ist nur eine Geschichte von vielen. Ich glaube, wir könnten ganze Regale über blinde Pferde und ihre Menschen füllen. Umso erstaunlicher, dass es kaum Literatur über diese gibt. Deshalb bot ich über meine Webseite Hilfe an und nahm meinen ganzen Mut zusammen, um dieses Buch zu schreiben. Um denen zu helfen, die wie Eveline und ich einst noch am Anfang ihres Weges stehen.

Nantan mit meiner Hündin Wickie

Augenkrankheiten, die (auch) zur Blindheit führen können

Leider sind Pferde aufgrund ihrer Anatomie recht anfällig für Probleme im Bereich der Augen. Das Pferdeauge befindet sich nicht sehr tief im Schädelknochen und so ist es Staub, Bakterien und Pilzen in seiner Umwelt relativ schutzlos ausgeliefert.

Achtung! Sollte sich Ihr Pferd am Auge verletzt haben, rufen Sie unverzüglich einen Tierarzt!

Je früher Sie behandeln lassen, desto besser sind die Chancen auf Erhalt des Augenlichtes. Das gleiche gilt natürlich auch für Krankheiten des Auges. Diese kündigen sich in der Regel mit Schmerzen, Blinzeln oder Zusammenkneifen des Auges, ebenso Verhaltensänderungen, Fieber, gerötete Bindehaut, Trübung der Linse und Schwellungen an. Aber auch der Versuch des Pferdes, sich am Auge zu scheuern, deutet auf ein Problem hin.

Deshalb sollte man als Pferdebesitzer regelmäßig die Augen seines Pferdes kontrollieren. Gehen Sie mit Ihrem Pferd in den abgedunkelten Stall. Dort leuchten Sie mit einer Taschenlampe ins Auge Ihres Pferdes. Die gesunde Pupille sollte sich jetzt zusammenziehen. Macht Sie das nicht und bleibt weit gestellt, stimmt etwas nicht und das Pferd sieht wahrscheinlich nur noch eingeschränkt.

Wenn die Pupille nicht reagiert und eng bleibt, verursacht sie durch den entstehenden Muskelkrampf starke Schmerzen! Jetzt muss man schnell handeln und medikamentös eingreifen, da es sonst zur Verklebung zwischen Iris und Linse kommen kann.

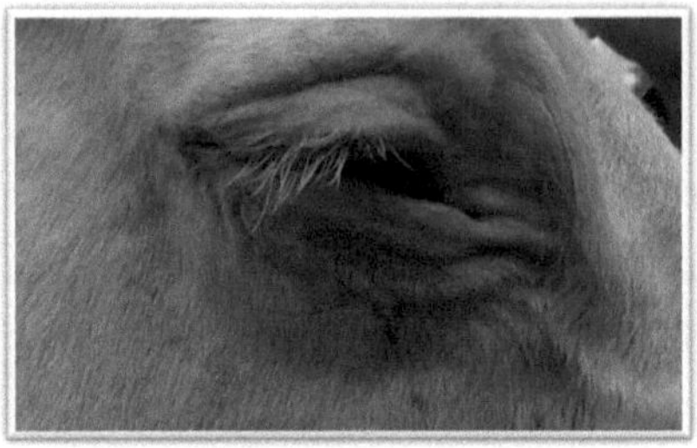

Das durch Periodische Augenentzündung erkrankte Auge von Migthy. Deutlich sieht man das Zusammenkneifen des Auges, welches sich gerade in einem Schub befindet (das Auge ist licht- und schmerzempfindlich).

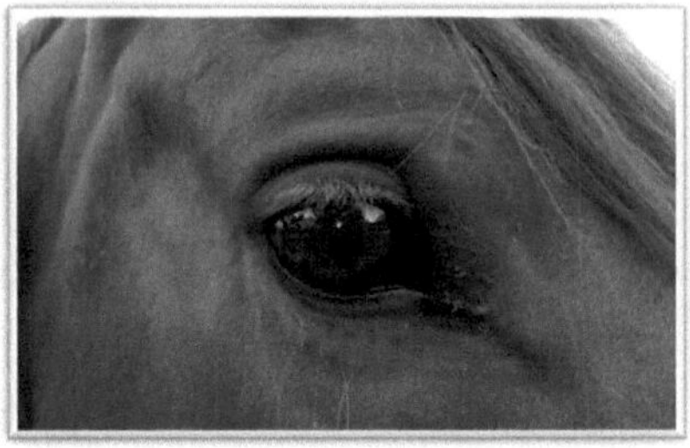

Zum Vergleich hier das gesunde Auge meines Pferdes Gerlan.

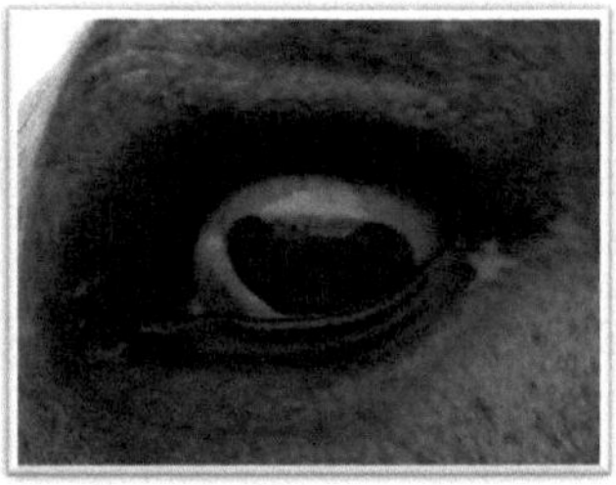

Das Auge von Bommel, seit 6 Jahren blind.

Nantan erkrankte an **Periodischer Augenentzündung (PA),** Equine rezidivierende Uveitis oder auch Mondblindheit genannt. Die PA bezeichnet eine nicht-eitrige Entzündung der Iris sowie der Aderhaut des Auges beim Pferd. Das erkrankte Tier kann zu Rückfallen neigen, welche periodisch in Schüben auftreten, wobei Stresssituationen einen Schub auslösen können.

Die Ursache ist nicht ganz geklärt. Hauptsächlich geht man davon aus, dass es sich um die Folge einer bakteriellen Erkrankung, der Leptospirose, handelt, bzw. um eine allergische Reaktion auf das Eiweiß der Leptospiren. Diese können über verdorbenes Futter aufgenommen werden, welches mit Urin und Exkrementen von Mäusen verunreinigt ist. Ich selber glaube aber auch an die Theorie der genetischen Disposition, da bestimmte Rassen häufiger erkranken. Nantans Vater war auch blind.

Am häufigsten erkranken, statistisch gesehen, Appaloosas. Bei einer akuten Augenentzündung ist das betroffene Auge meist geschwollen, wird zusammengekniffen, tränt stark und ist sehr lichtempfindlich. Häufig ist das Auge getrübt und schmerzhaft.

Liegt die Entzündung eher im hinteren Augenabschnitt, wie bei meinem Pferd, ist dies offenbar kaum schmerzhaft für das Pferd. Dann schreitet die Krankheit meist unbemerkt voran, es bilden sich Entzündungsprodukte im Glaskörper, und im Endstadium löst dieser sich auf. Das führt zur Ablösung der Netzhaut. Das heißt, die Pferde sehen zunächst mehr und mehr verschwommen, bis sie nur noch hell und dunkel sehen können und letztlich vollkommen erblinden.

Vorsorge ist kaum möglich, aber man sollte auf gute Stallhygiene achten. Halten Sie Ihren Stall sauber, vermeiden Sie durch regelmäßiges Misten Ammoniakdunst, der die Schleimhäute reizt. In einem sauberen, luftigen Stall sind weitaus weniger Ratten und Mäuse (Überträger der Leptospiren) anzutreffen. Eine weitere Maßnahme zum Schutz der Augen und zur Vorbeugung von Bindehautentzündungen sind Fliegenmasken und Insektenschutzmittel. Säubern Sie regelmäßig die Augen Ihres Pferdes mit einem sauberen Tuch von Schmutz und eingetrocknetem Augensekret. Wichtig ist aber auch die regelmäßige Impfung und Entwurmung Ihres Pferdes.

Behandlung

»Ein akuter Entzündungsschub muss sofort behandelt werden. Ziel ist zunächst, den Pupillarkrampf zu lösen. Dies geschieht mit Augentropfen oder -salben. In hartnäckigen Fällen kann es auch nötig sein, direkt in die Bindehaut des Augapfels zu spritzen. Zudem wird der Tierarzt eine cortisonhaltige Augensalbe verschreiben, um weiter Entzündungen zu vermeiden. In der akuten Phase sollte das betroffene Auge mit der Augensalbe sechs- bis achtmal täglich behandelt werden. Oft erhalten die erkrankten Pferde zudem schmerzstillende Medikamente. Eine Heilung ist nicht möglich. Allerdings kann man die Krankheit mit einer Operation aufhalten. Dabei wird das Glaskörpermaterial des betroffenen Auges ausgetauscht - die so genannte **Vitrektomie**[1]. Die Erfolgsrate liegt bei 95 Prozent.[2] Wenn das zu operierende Auge allerdings stark vorgeschädigt ist, kann das Auge trotzdem erblinden. Allerdings werden dem betroffenen Pferd die Schmerzen genommen. Bei erblindeten Augen, die dauerhaft schmerzen, ist aus medizinischen und tierschutzrechtlichen Aspekten eine Entfernung des Auges anzuraten.«[3]

Befindet sich das Pferd gerade in einem Schub, ist Stallruhe angesagt. Es muss vor Sonneneinstrahlung geschützt werden, da das Auge durch das medikamentöse Weitstellen der Pupille nicht mehr auf Lichteinwirkung reagieren kann.

---

1 Bei der Vitrektomie wird die gallertartige Masse, in der die Erreger enthalten sind, durch eine künstliche Masse ersetzt.

2 Diese Rate ist meiner Meinung nach zu hoch. Wahrscheinlich wird sie zum Zeitpunkt der Entlassung erhoben.

3 Quelle: Klinik für Pferde, Tierärztliche Hochschule Hannover, Dr. Myriam Borstel. 04.11.2009/wem.

Homöopathie

»Bei den ersten Anzeichen einer Augenentzündung kann Aconitum C30, in der akuten Phase alle 30 Minuten und im Anschluss 1 x täglich, hilfreich sein, wenn diese plötzlich auftritt. Gesteigerter Tränenfluss und Lichtscheue ist ein weiterer Hinweis für dieses Mittel. Hilft Aconitum alleine nicht, kann Belladonna C30 dazu gegeben werden, ebenfalls alle 30 Minuten in der akuten Phase und danach 1 x täglich. Es wird eingesetzt, wenn das Auge geschwollen und die Bindehaut gerötet und trocken ist.

Hier ist ebenfalls Lichtscheue und Schmerz zu verzeichnen. Kalium iodatum setzt man als Hauptmittel bei hochgradig geröteten Bindehäuten der Augen ein. Es ist reichlich Tränenfluss vorhanden und die Augenlider sind geschwollen. Eine leichte Trübung des Auges kann bereits bestehen, wenn das Mittel notwendig ist. In der C30 wird es in der akuten Phase alle 3-4 Stunden und danach 1 x täglich gegeben.

Wenn es chronisch wird ...

In chronischen Fällen kann Phosphorus C30 1 x täglich als Hauptmittel eingesetzt werden. Das Mittel wird eingesetzt, wenn sich die ersten Anzeichen der degenerativen Veränderungen zeigen. Weitere Mittel, die hilfreich eingesetzt werden können, sind Mercurius corrosivus C30, wenn sich die Symptome in der Nacht verschlechtern, Hepar sulfuris C30 wird bei Eiterungen im Auge eingesetzt, Rhus toxicodendron C30 1 x tägl., wenn die Symptome nach Feuchtigkeit und Kälte auftreten und gelber Augenausfluss besteht.

Bei allen Mitteln gibt man dem Pferd 5-10 Globulis in ein kleines Stück Apfel gedrückt direkt zum Fressen.«[4]

---

[4] Gabriele Zuske, in: »Tierhomöopathie«.

Bei der **Bindehautentzündung** (Konjunktivitis) handelt es sich um eine sehr häufige Erkrankung des Auges. Sobald die Weidesaison wieder losgeht, schwirren wieder tausende Insekten herum und führen zu den oben genannten geschwollenen roten Augen. Aber starker Wind, Fremdkörper im Auge, Staub, ebenso eine allergische Reaktion auf Pollen oder in Zugluft stehende Pferde können eine Konjunktivitis entwickeln. Da die Bindehaut direkt an die Hornhaut angrenzt, erkrankt diese schnell mit, und dies sollte nicht auf die »leichte Schulter« genommen werden.

Zu den Symptomen gehören neben der roten Bindehaut Schmerzen und tränende Augen. Das Auge juckt und das Pferd hat den Drang, sich zu schubbern. Bei starken Schmerzen und einer massiven Schwellung wird der Tierarzt neben Salben auch Entzündungshemmer verabreichen. Das Pferd braucht Ruhe in einer dunklen, staubarmen und zugfreien Box. Nach Möglichkeit sollte das Tier noch vor der Ankunft des Tierarztes dorthin verbracht werden.

Das Pferd sollte sich nicht scheuern oder legen, um den Krankheitsverlauf nicht zu verschlechtern. Das trifft auch auf die **Hornhautverletzung** zu.

Homöopathie bei Konjunktivitis beim Pferd

Das am häufigsten eingesetzte Mittel bei einer Bindehautentzündung ist wohl Euphrasia - der Augentrost. Es wird angewendet, wenn wässriger und wund machender Tränenfluss besteht und eventuell auch ein Fremdkörper der Auslöser gewesen ist. Ist der Zustand bereits chronischer Natur, kann Argentum nitricum helfen, wenn das Auge stark verklebt ist und die Bindehaut bereits eine Schwellung zeigt. Bei nicht wund machendem gelblichen Ausfluss und wenn es zum Konstitutionstyp des Pferdes passt, wird Pulsatilla dem Pferd helfen. »Weitere homöopathische Mittel, die angewendet werden können, sind Mercurius solubilis (mit Juckreiz und Schmerzen), Allium cepa bei viel wässrigem Sekret und Besserung an der frischen Luft, Natrium chloratum Euphrasia und Mercurius sind auch als Augentropfen verfügbar und können somit am Ort des Geschehens wirken.«[5]

»Bei trockenem und gereiztem Auge haben sich auch zusätzliche Gaben von Biotin und Vitamin A bewährt. Ein Biotinmangel kann durchaus auch eine Bindehautentzündung hervorrufen. Könnte die Bindehautentzündung auch durch eine Infektion oder durch chemische Mittel hervorgerufen worden sein, sollten unterstützend auch Leber und Niere homöopathisch behandelt werden.«[6]

---

5 Gabriele Zuske, in: »Tierhomöopathie«.

6 Gabriele Zuske, in: »Tierhomöopathie«.

Die Hornhautverletzung kann durch eine Bindehautentzündung, aber hauptsächlich durch Fremdkörper im Auge hervorgerufen werden. Das Pferd wird, verursacht durch den Schmerz, vermehrt versuchen, das Auge geschlossen zu halten. Meist behandelt der Tierarzt antibiotisch. Kortisonhaltige Salben dürfen aber nicht verabreicht werden, da diese die Heilung der äußeren Hornhautschicht behindern.

Ist die Hornhaut perforiert, muss das Pferd sofort in die Klinik, wo meistens der ganze Augapfel entfernt werden muss.

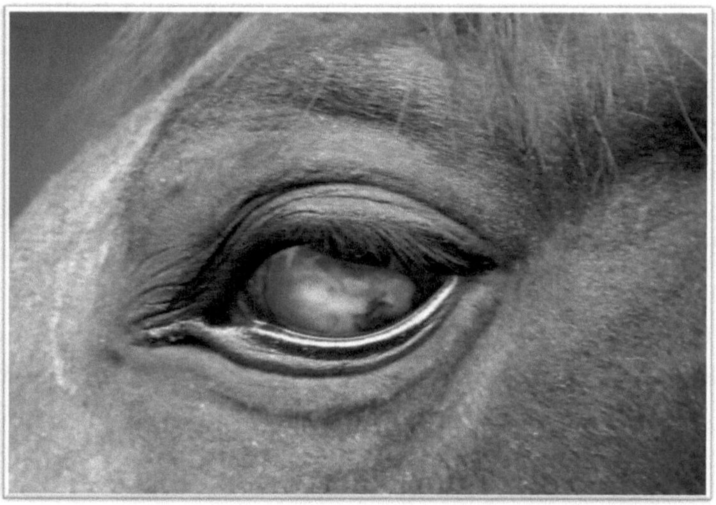

Diese Hornhautverletzung führte zur Erblindung des Pferdes.

Keratomykose ist eine Erkrankung der Hornhaut aufgrund einer Pilzinfektion. Beim Pferd kann die Keratomykose rasch zum Verlust des Auges führen. Diese Pilzinfektion der Hornhaut tritt meist nach Verletzungen der Hornhaut auf. Saddlebreds scheinen anfälliger für schwere Keratomykose zu sein.

Herpeskeratitis ist eine entzündliche Erkrankung der Hornhaut nach Infektion mit equinem Herpesvirus.

Bei **Sarkoid** handelt es sich um einen semimalignen Tumor, der lokal wuchernd wächst und häufig nach Behandlung wiederkehrt. Es treten keine Metastasen auf. Ein Sarkoid kann je nach Lage chirurgisch entfernt und mit Chemotherapie behandelt werden.

Eine Netzhauterkrankung ist die (mehr in der Humanmedizin bekannte) **Kongenitale stationäre Nachtblindheit** (Congenital stationary night blindness - CSNB). Sie wird hauptsächlich in der Appaloosazucht gefunden. Auffallend sind Sehstörungen bei schwachem Licht aber allgemein normales Sehvermögen bei Tageslicht. Es gibt keine Therapie für diese Erkrankung, daher sollten erkrankte Tiere nicht in der Zucht eingesetzt werden.

Ist das Pferd am **grauen Star (Katarakt)** erkrankt, wird die Linse eines oder beider Augen trüb. Grauer Star wird diese Krankheit genannt, weil es beim Durchleuchten des Auges mit der Taschenlampe grau leuchtet, wenn der Strahl durch die Linse dringt.

Trübt die gesamte Linse ein, spricht man vom **Totalstar**. Dann kann das Pferd sein Umfeld nur noch verschwommen wahrnehmen.

Auch der **Kernstar** verschlechtert die Sehkraft. Hier ist der Linsenkern getrübt, die Randzonen sind nicht betroffen.

Beim **Rindenstar** liegt die Trübung am Kapselrand. Dabei beeinträchtigt die Trübung nicht immer das Sehen.

Haltung

Vorweg: Nicht alle blinden Pferde sind gleich!

Sie befinden sich in unterschiedlicher körperlicher Verfassung, sie unterscheiden sich charakterlich, in der Erblindungsart und in der Ausbildungsqualität. Wichtig ist auch der Zeitpunkt der Erblindung.

In der folgenden ersten Abbildung könnte die Erblindung erst kürzlich geschehen sein, während sich das Pferd in der zweiten Abbildung schon an die Erblindung gewöhnt hat.

So hat jedes blinde Pferd Potenziale und Grenzen. Das gilt auch für seinen Besitzer und muss im Einzelfall berücksichtigt werden. Nur weil eine Methode bei meinem Pferd funktioniert hat, bedeutet das nicht, dass sie auf andere blinde Pferde 1:1 übertragbar ist.

Grundsätzlich bleibt ein blindes Pferd immer noch ein Pferd, das heißt: Es stammt vom Wildpferd ab, dieses lebte in Herden oder Gruppen. Auf der Nahrungssuche durch die Steppe musste es weite Entfernungen zurücklegen und war als Fluchttier bei einer Bedrohung erst mal auf und davon.

Diese Faktoren sind wichtig für die artgerechte Haltung von Pferden. Das trifft ganz besonders auf blinde Pferde zu. Die Erblindung ist ein tiefgreifender Einschnitt in das Pferdeleben, vor allem, wenn sie plötzlich eintritt. Wichtig ist es, dem Pferd

Zeit und Raum zu lassen, sich an seine neue Umgebung und den (neuen) Halter zu gewöhnen.

Bringen Sie es zu Beginn in den Stall, wo es sicher und räumlich begrenzt ist. Dort kann es sich der Dunkelheit anpassen. Anfangs kann sein Verhalten beunruhigend wirken. Nach einer gewissen Zeit wird aber alles zur Routine werden, und Sie werden merken, dass die Haltung eines blinden Pferdes gar nicht so viel von der gesunder Pferde abweicht.

Manchmal ist es sogar einfacher, aber auf jeden Fall ist es die Arbeit wert.

(Blinde) Pferde sind nicht gern allein

Sie brauchen einen tierischen Wegbegleiter, dem sie auf der Koppel folgen können und der ihnen durch seine Anwesenheit Sicherheit gibt.

Hier ist es der Esel »Wulli«, der seinen blinden Freund »Bommel« begleitet.

Sehende Pferde verständigen sich untereinander durch Körpersprache. Jeder kennt das Ohren-Anlegen der Pferde, es ist ein Warnzeichen. Ein blindes Pferd kann das nicht sehen. Deshalb sollte die Gruppe auf der Weide nicht zu groß und die anderen Pferde freundlich sein. Das blinde Pferd wird jetzt über seine anderen Sinne reagieren. Es spürt, hört, riecht und fühlt auch die Annäherung eines anderen Pferdes. Ebenso nimmt es seine andere Umwelt wahr.

Mobbing stresst das blinde Pferd und durch Panik können Verletzungen entstehen. Wenn es einmal schlechte Erfahrungen mit Artgenossen gemacht hat, sei es durch Bisse oder Tritte, wird es dem nächsten Kontakt aus dem Weg gehen oder schon aus Warnung treten.

Per E-Mail und in Foren erhalte ich die meisten Fragen zur Weidehaltung und zum Zusammenstellen von blinden Pferden mit anderen Pferden.

Hier ein Beispiel:

»E. T.: Hallo zusammen! Ich habe eine Frage bezüglich Integration eines blinden Pferdes in eine Zweiergruppe. Bisher sind all meine Versuche, meinen blinden PRE-Wallach in eine Zweiergruppe zu integrieren, gescheitert. Ich hab's mit Ponies versucht, die werden alle ziemlich frech, wenn sie merken, dass Lucero ›anders‹ ist, ich habe es mit einem braven, rangniedrigen Wallach versucht, auch der wurde mit der Zeit Lucero gegenüber sehr dominant, und ich habe es mit einer Stute versucht, die zwar lieb ist, aber manchmal deutliche Signale gibt, die mein Blinder leider nicht versteht, und dann ist er hoffnungslos überfordert und frustriert.

Zurzeit steht er tagsüber in einem großen Einzelpaddock zwischen 2 Pferden, mit denen er Kontakt haben kann. Nachts über hat er eine Einzelbox, und während der Weidesaison ist er auch wieder alleine auf der Weide. Er ist sehr sozial und es zieht ihn zu den anderen Pferden, aber wenn er mit einer Situation überfordert ist, schlägt er mit dem Vorderbein (er wurde erst mit 5 1/2 kastriert und war als noch sehender Hengst sehr dominant).

Ich wünschte mir einen guten Freund/Freundin für ihn, weiß aber nicht, ob ich es nochmals versuchen soll. Unsere Pferde sind wegen des steinigen Geländes bei uns alle beschlagen.

Hat mir vielleicht jemand noch einen Tipp? Ich denke auch an später, wenn ich ihn einmal nicht mehr reiten kann, dann wäre es doch schön für ihn, wenn ich ihn in eine kleine Herde geben könnte, wo er seinen Lebensabend noch genießen könnte. Zurzeit ist das aber undenkbar.«

»S. L.: Kann dich gut verstehen und habe teils dasselbe Problem mit den anderen Pferden für meinen blinden Mustang ... Die anderen Pferde sind zu dominant und nützen seine Schwäche aus bzw. bemerken nicht, dass er ihre Drohgebärden nicht sehen und befolgen kann! Am besten klappt es noch mit unserer Leitstute, die sich meist nicht so hastig bewegt. Er bekommt eher Panik, wenn er bedroht wird, und so ist sein Verletzungsrisiko groß.

Versuche es nochmal mit der Stute und binde ihr eine Glocke ans Halfter, damit er immer einschätzen kann, wo sie gerade ist und welche Aktion sie machen wird. Haben die zwei auch Heu im Paddock? Fressen beruhigt, aber Futterstreitigkeiten sind vorprogrammiert, wenn es keine zwei Futterstellen gibt.«

Meine Antwort: »Hallo, ich würde gerne wissen, wie lange du es schon probiert hast und wie groß die Auslauffläche ist? Bei sehr kleinen Flächen kann man nur einen braven Kumpel dazu stellen, und das kann auch schon mal dauern. Bei Wallachen geht eigentlich immer eine zurückhaltende Stute oder ein Minipony. Unser Mini-Shetland war manchmal auch sehr frech, aber weil es so klein war, hat es unser blindes Pferd gar nicht registriert und interessiert.

Eine sehr große Weide hat den Vorteil, dass sich die Pferde aus dem Weg gehen können, und wenn mehrere darauf stehen, können sich Freundschaften bilden. Ich habe festgestellt, dass blinde Pferde meist Kontakt zu älteren Pferden suchen, da diese meist ruhiger und gelassener sind. Diese Bindungen können sehr stark werden, da ältere Pferde meist auch nicht mehr ganz dazu gehören und Anschluss suchen. Lg ... Glöckchen ist prima ...«

»E. T.: Herzlichen Dank für eure Vorschläge. Es wird sicher irgendwann das richtige Pferd oder Pony kommen. Am liebsten wäre mir auch ein älterer, ausgeglichener Wallach.

Sein Einzelpaddock ist 50m² groß, zu zweit hätten sie dann ca. 100m². Das ist ziemlich eingeschränkt, und daher wäre es unerlässlich, dass die beiden gut harmonieren. Die Weide (leider keine Winterweide) ist sehr groß. Eine Minishetty-Stute hatten wir übrigens auch schon. Die war auch sehr anhänglich und hat im Sommer am liebsten unter seinem Bauch gefressen. Da ist er manchmal über sie gestolpert. In der Auslaufbox ging es aber gar nicht, weil er sich kaum getraute, sich zu bewegen. Er hatte wohl Angst, sie zu treten. So haben wir wieder umgestellt und Lucero hat jetzt über Nacht wieder seine Einzelbox.

Er ist ja auch nicht unglücklich mit der jetzigen Situation. Ich würde ihn aber gerne heute schon an eine Kleingruppen-Haltung gewöhnen, damit er später einmal – wenn ich ihn nicht mehr reiten kann – seinen Altersabend auch als blindes Pferd in einer ›Altersresidenz‹ mit Artgenossen genießen kann.«

Man sieht, wie unterschiedlich sich die Haltung blinder Pferde gestaltet. Man sollte aber flexibel sein und sich trauen, auch neue Dinge auszuprobieren, und mit etwas Geduld wird man schließlich eine Lösung finden.

Wie nimmt das blinde Pferd seine Umwelt wahr?

Ich glaube auch, dass mein Nantan über Echolot, ähnlich dem von Walen und Fledermäusen, in seiner Umgebung navigierte. Neue, große Dinge (ein Traktor steht im Weg) nahm er in letzter Sekunde wahr und reagierte, indem er zurück- oder auswich.

Natürlich wird ihr Pferd keine Schnalz- oder Klickgeräusche von sich geben, aber es kann sich zum Beispiel nach seinen eigenen Hufgeräuschen und den durch diese zurückgeworfenen Schallwellen richten. Deshalb, und um den Tastsinn nicht zu stören, sollten Barfußgänger nicht beschlagen werden.

Bei Pferden, die schon beschlagen waren, sollten die Eisen jedoch **nicht** entfernt werden, da sich nach Abnahme des Hufbeschlages das Klangbild der Fußtritte für die Tiere ändert. Da die Sinnesfunktion der Augen nicht mehr vorhanden ist, verlagert sich jetzt alles auf die anderen Sinnesorgane.

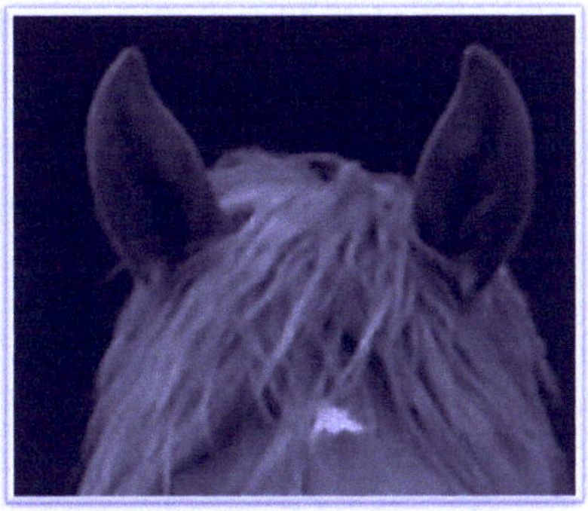

Die Ohren übernehmen das Sehen, sie sind ein perfektes Frühwarnsystem, selbst im Schlaf bewegen sie sich. Das Gehör eines Pferdes ist viel besser entwickelt als bei uns Menschen. Es ist so sensibel, dass Pferde selbst minimale Geräusche aus weiter Entfernung und sogar Töne im Ultraschallbereich wahrnehmen können. Das Pferd versucht durch entsprechende Bewegungen mit der Ohrmuschel, Geräusche zu verdeutlichen. Laute und ungewohnte plötzliche Geräusche machen Pferde nervös und bereiten ihnen Stress und führen somit zu einer Kreislaufbelastung.

Pferde mögen kein Piepsstimmen, aber eine tiefe Stimmlage kann sie beruhigen. Deshalb sollte man Pferde nicht anschreien und überflüssige Geräusche in Ställen und bei der Arbeit vermeiden. Beeinträchtigt wird die Wahrnehmung von Pferden auch, wenn es stürmt, pfeift, bläst und flattert.

Selbst routinierte Pferde können genervt reagieren, wie muss es dann erst unseren blinden Pferden gehen? Sie sind einfach nicht mehr in der Lage, die für sie wichtigen Geräusche zu filtern.

Nervöse Pferde kann man beruhigen, indem man die Ohrmuscheln ausstreicht. Dort sitzen sogenannte »psychische Referenzpunkte«, die direkten Einfluss auf das Gehirn haben. Durch das Streicheln werden sie stimuliert und beruhigen so das Pferd. Schützen Sie das Ohr vor Insekten und rufen Sie im Krankheitsfall einen Tierarzt.

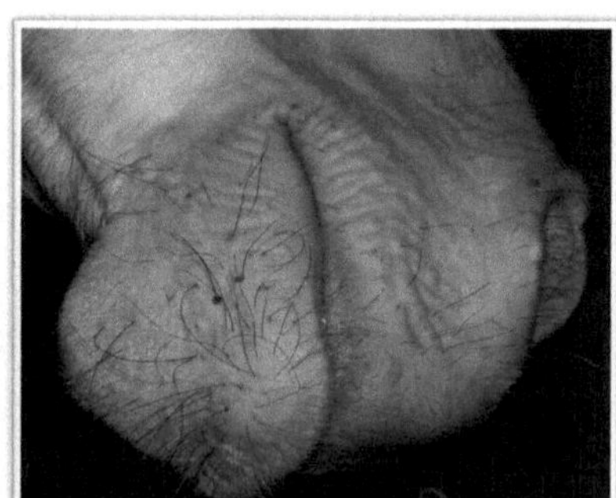

Wichtigstes Sinnesorgan neben den Ohren ist bei blinden Pferden die Haut. Sie ist die schützende Umhüllung des Körpers gegenüber der Außenwelt. Sie steht unter Spannung, ist wasserundurchlässig und bietet Schutz vor Austrocknung und dem Eindringen von Viren, Bakterien und Parasiten in den Körper.

Die Funktion als eigentliches Sinnesorgan wird durch Rezeptoren ermöglicht, welche auf Temperatur, Spannung,

Druck und Schmerz reagieren. Diese Empfindung ist in den jeweiligen Hautregionen unterschiedlich.

Die höchste Sensibilität haben Pferde im Bereich der Lippen. Diese werden durch einen Saum von Tasthaaren unterstützt und ermöglichen eine Unterscheidung zwischen Haferkorn und Fremdkörper im Futtertrog.

Mit am besten entwickelt ist jedoch der Geruchssinn. Pferde haben eine sehr feine Nase. Sie können Gefahr, aber auch angenehme Situationen (Futter) regelrecht riechen. Pferde zeigen einen starken Widerwillen gegen den Geruch von Kadavern. Orte, wo sie einen solchen Geruch verspüren, versuchen sie zu meiden. Das ist eine Schutzreaktion, denn es könnte ein Raubtier in der Nähe sein. Aber auch der Schmied oder Tierarzt kann diese Reaktion hervorrufen.

Besonders stark ausgebildet ist auch der Zeit- und Ortssinn. Pferde haben ein starkes Erinnerungsvermögen an Örtlichkeiten. Das können wir uns beim blinden Pferd zu Nutze machen.

Die Stimme des Pferdes dient dem Sichfinden, wenn z. B. die Stute ihr Fohlen ruft, wenn es sich zu weit entfernt hat, oder wenn der Hengst die Stute in der Paarungszeit ruft. Mit der Stimme werden Herdenmitglieder begrüßt, aber auch anderen nachgewiehert, sobald sie sich entfernen.

Mein Fuchs begrüßt mich nach Erkennen von Schritt und Stimme mit einem warmen, tiefen und »grummelnden« Wiehern. Aber auch potenzielle »Futterlieferanten« können so begrüßt werden. Hat ein Pferd starke Schmerzen, stöhnt und ächzt es, aber meistens leiden Pferde still. Rossige Stuten quieken, sobald andere Pferde sie »kitzeln«. Schnauben kann ein Signal der Erregung, aber auch der Entspannung sein. Im ersteren Fall atmet das Pferde heftig ein und stoßweise wieder aus, dabei stellt es den Schweif (Fahne) auf und reckt den Hals.

Entspannt sich das Pferd, z. B. nach dem Lösen beim Reiten, ist das Schnauben eher langgezogen und ruhig.

Das Auge wiederum spielt nicht die überragende Rolle wie beim Menschen!

Umgebungswechsel und Gewöhnung an fremde Orte

Geben Sie Ihrem Pferd Zeit, sich an seine neue Umgebung zu gewöhnen. Legen Sie Heu und Wasser und andere Dinge, die es schnell finden, aber nicht darüber stolpern soll, an eine Stall- oder Hauswand. An dieser wird sich das Pferd orientieren.

Einen Elektrozaun kann das Pferd hören. Gehen Sie aber trotzdem mit Ihrem Pferd eine neue Koppel ab. Klopfen Sie am besten in regelmäßigen Abständen an den Weidezaun oder an Bäume, die sich auf der Weide befinden, sodass sich das Pferd eine Karte im Kopf erstellen kann. In der Anfangszeit hilft es manchmal, Plastiktüten an den Zaun zu binden. Das Rascheln vermittelt den Pferden die räumliche Grenze.

Eine Wasserstelle sollte gut erreichbar und leicht zu finden sein. Der beste Platz ist am Zaun in der Nähe des Ausgangs. Unter ein Wasserfass (siehe Foto) kann man zusätzlich einen Bottich mit Wasser stellen. Dann kann das Pferd diesen ertasten und schneller finden. Sollte das Pferd auch über Nacht draußen bleiben, müssen Sie überprüfen, ob das Pferd die Wasserstelle findet und auch trinkt.

Ein blindes Pferd ist durchaus in der Lage, sich neu zu orientieren, aber versuchen Sie sich an geraden Wegen und nur wenigen Umgebungswechseln. Schaffen Sie breite und hohe Ein- und Ausgänge. Eine feste Umzäunung ist von Vorteil, da das

Pferd sich am Zaun orientiert. Das folgende Foto zeigt eine aus Sicherheitsgründen vorgenommene zweifache Einzäunung.

Die Weide sollte eben sein. Eine leichte Schräglage ist nicht schlimm, wenn sich keine großen Löcher oder Bodenwellen darauf befinden. Ein oder mehrere Bäume sind kein Problem (das Pferd wird sich die Position einprägen), aber achten Sie auf niedrigen Astbestand. Falls nötig, sollten Sie herunterhängende Äste entfernen, damit sich Ihr Pferd nicht verletzt.

Falls Sie die Möglichkeit haben, geben Sie Ihrem blinden Pferd die größte Weide. Da es sein Futter nicht sehen kann, wird es die guten Stellen nicht immer finden. Außerdem wird es Abstand zum Zaun halten und somit seinen Radius einschränken. Ebenfalls wird es seinem Bewegungsdrang eher gerecht, da es sich auf einer großen Weide trauen wird, auch mal zu traben oder zu galoppieren, ohne gleich im Zaun zu stehen.

Shareena und Nantan

Gehen Sie die Weide vor Benutzung noch einmal ab. Gefährliche Stellen wie Grenzpfähle müssen abgesperrt werden. Dies schränkt das Verletzungsrisiko ein. Bedenken Sie die Witterungsverhältnisse. Belassen Sie Ihr Pferd im Stall, wenn es stark stürmt oder gewittrig ist, da es sich in der lauten Geräuschkulisse nicht mehr orientieren kann, das Pferd wird unruhig und beginnt, im Kreis zu laufen.

Denken Sie auch an den Schutz, der vielleicht noch vorhandenen (blinden) Augen. Im Sommer können die Fliegen sehr lästig werden. Wenn Ihr Pferd mit einem Fliegenhäubchen, das die Fliegen abhält, zurechtkommt, dann ziehen sie es ihm an.

Nantan war mit Haube immer etwas desorientiert, da ich ihm nun auch noch das letzte bisschen Helligkeit raubte, deshalb ließ ich sie weg. Stattdessen setzte ich ihm eine Ohrenhaube mit Fransen auf. Zusätzlich schmierte ich um die Augen eine Sonnenmilch/Zinkpaste.

Sollte Ihr Pferd durch PA erblindet und der Krankheitsprozess noch nicht abgeschlossen sein, können immer wieder schmerzhafte Schübe auftreten. Das Pferd versucht sich dann zu schubbern und verschlimmert so den Krankheitsverlauf. Es gibt eine Möglichkeit, dieses Verhalten zu unterbinden.

Geeignet sind Augenschutzbrillen für Pferde, etwa von der Firma »aniProtec«. Der Augenschutz ist geeignet für Pferde,

- die an Uveitis (Regenbogenhautentzündung) leiden,
- die die Angewohnheit haben, sich die Augen zu kratzen,
- oder die nach einer Augenbehandlung oder Operation einen Augenschutz benötigen.

Stofffliegenmasken liegen meist am Pferdeauge an und reizen es noch zusätzlich. Sie reißen schnell und unterbinden das Scheuern nicht. Die Maske von »aniProtec« ist aus weichem PVC hergestellt. Sie schmiegt sich bequem an den Kopf an, gewährleistet dabei jedoch einen maximalen Abstand zum Auge. Ihr spezifisches Design mit Stirn- und Nasenlöchern erlaubt eine maximale Durchlüftung. Das Design erlaubt ein unkompliziertes An- und Ablegen der Maske. Sie ist auch getönt zu erhalten und bietet so Schutz gegen UV-Strahlen. Um Fliegen von den Belüftungslöchern fernzuhalten, wird einfach ein dazu gehöriges Fliegennetz darüber gezogen.

»aniProtec« hat mir eine Maske zum Test überlassen – danke noch einmal! Ich habe die Maske an unserem blinden Mighty getestet, da er sich während eines Schubes ständig kratzen wollte. Beim Aufsetzen der Maske haben wir schon eine Veränderung des Pferdes bemerkt. Unser Mighty wurde augenblicklich ruhig, schloss seine Augen und ließ sogar seinen Kopf hängen, also war sie ihm wohl sehr angenehm. Er ließ sie sich ohne Probleme anziehen, und sie passte wie angegossen.

Wir setzen sie am Abend auf und am Morgen ab. Dann bekommt er seine Fliegenmaske auf und geht auf die Koppel (diese Maske ist leider nicht abgedunkelt). Auffällig ist, dass er sein krankes Auge am Abend noch zusammenkneift, aber am Morgen mit offenem Auge dasteht.

Wir setzen die Maske auch während der Bodenarbeit ein. Mighty fühlt sich durch sie nicht gestört, und sollte er mal irgendwo anecken, ist sein Kopf gut geschützt. (wie wichtig der Kopfschutz sein kann, erläutere ich im Kapitel »Transport«).

Für den Koppelgang und das Reiten empfehle ich die kleinere getönte Augenmaske.

Alternativ zu „aniProtec“ bietet auch „innoHorse“ UV-Schutzmasken und Brillen an. Die innoHorse-Lichtschutzmasken wurden speziell für Pferde entwickelt, die auf Licht empfindlich reagieren. Sie wirken wie eine Sonnenbrille und halten gleichzeitig Insekten fern. Das verwendete Material ist ein High-Tech-Kunststoffgewebe mit Lichtschutzwirkung, geprüft vom Deutschen Institut für angewandte Lichttechnik.

Insbesondere bei Augenerkrankungen, wie z. B. periodischer Augenentzündung, Bindehautentzündung, Hornhautverletzungen, nach Augenoperationen sowie bei lichtbedingtem Headshaking, werden die Masken von Pferdebesitzern und Tierärzten eingesetzt. Aber auch bei Neigung zu Sonnenbrand können sie von großem Nutzen sein.

Typische Einsatzgebiete:

Headshaking, Sonnenbrand, Augenkrankheiten wie periodische Augenentzündung, Bindehautentzündung, Hornhautverletzungen, allgemeine erhöhte Lichtempfindlichkeit der Pferdeaugen.

Weitere Vorteile:

- Weidegang und ausreichend Bewegung, auch für sehr empfindliche oder kranke Pferde.
- Ohne Halfter zu tragen, aber auch darüber oder darunter.
- Individuelle Einstellung und sicherer Sitz durch zwei stabile, breite Klettverschlüsse im Genick und unter den Ganaschen.
- Abnäher im Augenbereich sorgen für genügend Abstand des Gewebes.
- Weiche, aber glatte Einfassung verhindert Scheuerstellen.

- Zur Sicherheit des Pferdes öffnen sich die Klettverschlüsse bei starker Krafteinwirkung oder das Gewebe reißt.

Im Stall

Im Stall ist es anfangs ratsam, Pfosten und dergleichen abzupolstern. Schauen Sie nach hervorstehenden Nägeln oder Ecken und Kanten und beseitigen Sie diese. Wenn Sie misten, stellen Sie die Schubkarre vor die Box oder außer Reichweite. Vermeiden Sie Stolpersteine, wie umherliegendes Werkzeug. Belassen Sie Dinge an ihrem ursprünglichen Platz.

Eine Einzelbox mit Kontakt zum Stallnachbarn hat sich bei Nantan bewährt. Sie können aber ein Gruppenstall nutzen, wenn das Pferd die Möglichkeit des Rückzugs hat.

Vermeiden Sie plötzliche laute Geräusche. In manchen Situationen ist Lärmvermeidung nicht möglich. Bei meinem Pferd war dies einmal im Jahr die Schermaschine. Durch sein Cushing-Syndrom hatte er auch im Sommer Winterfell. Zu diesem Anlass steckte ich ihm Ohrstöpsel für Pferde in die Ohren (golfballgroße Schaumstoffbälle). Diese sind im Pferdefachsporthandel erhältlich.

Wichtig: Vergessen Sie nicht, die Ohrstöpsel wieder zu entfernen.

Versuchen Sie, Routine in die Arbeit zu bringen. Das beruhigt das Pferd, weil es die nächsten Schritte vorausahnen kann und darauf vorbereitet ist.
Ist ein Pferd plötzlich erblindet, sozusagen von heute auf morgen, wird es große Schwierigkeiten haben, sich zurechtzufinden. Es wird gegen Boxenwände laufen oder resigniert in einer Ecke verharren.

Es ist wichtig, sich jetzt viel Zeit zu nehmen. Achten Sie auf Pferde in Hörweite, füttern Sie anfangs in der Nähe, später etwas weiter entfernt, sodass sich das Pferd bewegen muss. Klopfen sie an Wände, Tröge, Tränken und Abzäunungen und vergessen Sie nicht, gefährliche Ecken abzupolstern.

Boxen mit Paddockzugang sind ein unüberwindbares Hindernis, zumindest am Anfang und mit engen Türen. Erleichtern Sie Ihrem Pferd das Finden des Einganges, indem Sie den Durchgang hörbar machen. Dazu bedarf es nicht viel: Haben Sie einen befestigten Paddock mit Beton oder Pflaster, dann legen Sie einfach einen Teppich, eine Matratze oder künstlichen Rasen in Breite des Einganges vor die Tür.

Das Pferd betritt den Teppich, und der Schall, der durch den Stein entsteht, verklingt. Das Pferd weiß dann: Hier ist mein Eingang! Dieser Trick funktioniert auch andersrum. Bei einem Sandpaddock empfehle ich, einfach eine Holzplatte vor den Eingang zu legen. Schon fühlt und hört das Pferd diesen.

Es versteht sich von selbst, dass man dies dem Pferd erst einmal begreiflich machen muss, ihm das zeigen muss. Dafür laufen Sie ein paar Mal mit dem Tier durch die Tür, in die Box und auf das Paddock. Die Pferde realisieren sehr schnell den Zusammenhang und kennen meist schon am nächsten Tag den Weg.

Wichtigster Faktor für die Arbeit mit einem blinden Pferd ist Zeit (Geduld) und das Vertrauen zum Menschen!

Vertrauen gewinnen

Für die Arbeit mit einem blinden Pferd ist Vertrauen der wichtigste Bestandteil, denn aus Vertrauen entsteht Freundschaft. Diese kann man sich aber nicht mit Streicheleinheiten und lieben Worten erkaufen. Man kann sein Pferd auch nicht mit Leckerlis bestechen. Das mag kurzfristig funktionieren, aber sobald das Pferd das Interesse verliert, ist der Mensch vergessen.

Viele Besitzer haben Angst davor, ihr Pferd zurechtzuweisen, weil sie befürchten, ihr Pferd würde sie dann nicht mehr mögen. Aber ein Pferd schätzt in uns nicht den »Dosenöffner« am meisten, sondern die Führungsqualitäten, die auch ein Leithengst oder eine Leitstute haben müssen, um anerkannt zu werden. Das Leittier entscheidet, wann geflüchtet wird, wie schnell und wohin. Durch diese Verantwortung genießt es Respekt und eben das nötige Vertrauen. Die Herdenmitglieder akzeptieren die Entscheidungen des Leittieres, ohne diese ständig zu hinterfragen.

Jedes Pferd hat das Bedürfnis, seinen Platz in der Rangfolge zu finden. Wenn es sich beim Menschen dieser Rangfolge nicht sicher ist, wird es entweder das Ruder selbst an sich reißen oder verunsichert sein. Deshalb ist es wichtig, eindeutige und verständliche Kommandos zu geben und darauf zu achten, dass das Pferd in der Lage ist, diese auch auszuführen.

Die Aufmerksamkeit muss ständig aufs Pferd gerichtet sein, damit man in der Lage ist, sofort zu reagieren, um unerwünschtes Verhalten gar nicht erst entstehen zu lassen. Dabei spielt Konsequenz eine wichtige Rolle: Was dem Pferd einmal verboten wurde, sollte immer verboten sein. Im Gegenzug sollte das einmal Erlaubte auch erlaubt bleiben.

Wenn man sich an diese Grundregel nicht hält, verwirrt man sein Pferd und wird von diesem auf Dauer nicht ernst genommen. In der Pferdeerziehung ist es wie in der Hundeerziehung und auch - man möge mir diesen Vergleich als Mutter zweier Kinder verzeihen - in der Kindererziehung: Neben der Konsequenz ist die klare Grenzsetzung sehr wichtig. Innerhalb der Grenzen fühlen sich die Pferde sicher. Sind die Grenzen unklar, wird jedes Pferd eigene Entscheidungen fällen.

Dennoch kann man sein freundschaftliches Verhältnis zum Pferd beibehalten. Der Schlüssel ist, freundlich und beständig auf die Umsetzung der Anweisung zu bestehen. Das erfordert Geduld, Beharrlichkeit und Zeit.

Für alle Tätigkeiten am und mit dem Pferd brauchen Sie auch die Aufmerksamkeit Ihres Pferdes. Darüber, ob das Pferd zuhört oder nicht, entscheiden schon einfache Dinge. Sobald Sie Ihr Pferd in der Box oder im Stall ansprechen, sollte es sich Ihnen zuwenden. Das ist eine Einladung, die jedes aufmerksame Pferd freudig annehmen wird. Erhält man diese Reaktion nicht, sollte man seinen Tagesplan ändern und sich für die Lösung des offensichtlich vorhandenen Problems Zeit nehmen.

Bitte übersehen Sie solche Signale nicht. Das ist wichtig für eine vertrauensvolle, gegenseitige Beziehung zwischen Mensch und Pferd.

Beim Putzen sollte das Pferd ruhig stehen. Wenn es immer wieder seinen Platz verlässt und zappelt, muss man reagieren. Ich empfehle dann, das Pferd wieder an seinen Ausgangspunkt zurückzubringen, bis es stehen bleibt. Bleiben Sie dabei ruhig, aber konsequent und korrigieren Sie sofort. Sie sagen, wo es lang geht, und bestimmen so das Ziel. Das ist wichtig, da unsicheres Arbeiten auch Ihr Pferd verunsichert.

Stecken Sie sich kleine Ziele, die Sie auch erreichen können. Strukturieren Sie Ihre kleinen Ziele, damit Sie ein großes Ziel erreichen können. Nur so kommen Sie zum gewünschten Erfolg. Auch der weiteste Weg beginnt mit dem ersten Schritt!

Gehen Sie den zweiten Schritt erst, wenn der erste funktioniert. Das blinde Pferd, das sich nicht zu galoppieren traut, sollte erst sicher im Schritt und Trab geritten werden, bevor Sie sich an den Galopp heranwagen.

Seien Sie immer darauf bedacht, Probleme pferdeverständlich zu lösen. Kommen Sie in Ihrer Arbeit nicht weiter, scheuen Sie sich nicht davor, wieder zum Anfang zurückzukehren und von vorne zu beginnen.

Denken sie daran: Weisen Sie die Schuld an einem Misserfolg nie Ihrem Pferd zu. Vermenschlichen Sie es nicht, es ist ein Pferd! Es will Sie nicht ärgern, und es ist auch nicht beleidigt, wenn es mal kein Leckerli bekommt. Lassen Sie das Pferd nicht für Sie entscheiden. Sobald es eigenmächtig entscheidet, verlieren Sie die Kontrolle – und es wird gefährlich.

Gerade bei einem blinden Pferd ist Kontrolle essenziell. Denn wenn Sie Ihrem Pferd erlauben, bei einem Ritt eigenmächtig nach rechts oder links auszuweichen, kann es sein, dass es beim nächsten Mal nicht auf Ihre Hilfe reagiert und im Graben landet.

Manche Probleme lösen sich nicht über Nacht und es kann schon einmal ein halbes Jahr dauern, bis Sie eine Herausforderung überwunden haben.

Dass man aber alles erreichen kann, sieht man hier:

Sylvia mit ihrem blinden Dennis, Viviane mit Mighty

Maite auf ihrem blinden Bommel, Viviane mit Wickie auf Nantan

Um dem Vertrauen, welches uns von unseren Pferden entgegengebracht wird, Rechnung zu tragen, müssen wir uns um ihr Wohlergehen kümmern. Dafür reicht es eben nicht, ihnen Futter zu geben und sie ab und zu zu streicheln. Wichtig für das Wohlergehen der Pferde ist auch ein Überprüfen der Schlafgewohnheiten. Ein zufriedenes, in seine Umwelt vertrauendes, blindes Pferd wird sich zum Schlafen hinlegen, auch wenn es dies im Stehen könnte.

Dafür braucht es ein trockenes, weiches und ruhiges Lager. Dort muss es andere Pferde hören können, sollte von diesen aber nicht gestört werden. Dann kann es sich, wie hier unser Mighty, sogar flach hinlegen und tief schlafen.

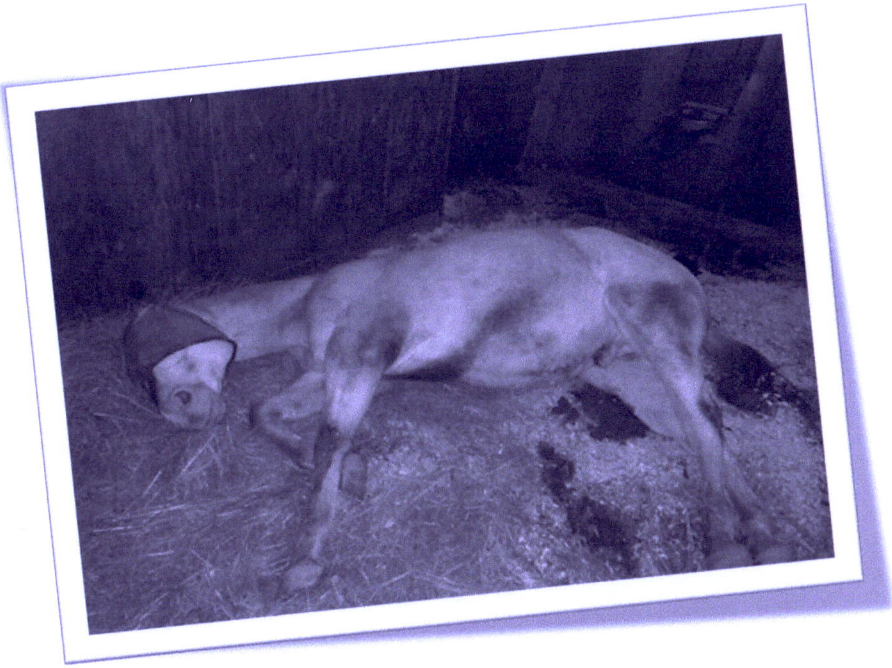

Transport

Der Transport eines blinden Pferdes gestaltet sich in erster Linie wie der eines sehenden Pferdes. Das Pferd muss, wenn dies nicht schon früher gemacht wurde, sich erst an die neue Situation gewöhnen. Vor dem ersten Transport sollte schon ein Vertrauensverhältnis aufgebaut sein. Der Hänger sollte hoch und innen abgepolstert sein. Sollten Sie einen Kopfschutz besitzen, so nutzen Sie diesen - er schützt den Kopf vor eventuellen Stößen.

Wie wichtig der Kopfschutz sein kann, habe ich selbst mit unserem Mighty schmerzvoll erfahren müssen: Die meisten Fotos in diesem Buch habe ich selbst gemacht. Bei der Überarbeitung des Buches stellte ich fest, dass mir für diesen Abschnitt noch ein Foto fehlte. Ich bat also meine Tochter, Mighty für die Fotos fertigzumachen. Wir arrangierten alles Nötige, fingen an, Bilder zu schießen, und merkten recht bald, dass wir ein sehr wichtiges Detail vergessen hatten. Keiner von uns beiden hatte daran gedacht, Mighty seinen Kopfschutz aufzuziehen.

Für diesen dummen Fehler mussten wir alle, aber vor allem unser armer Mighty büßen. Unser Appaloosa hat die Angewohnheit, mit dem Kopf zu schnicken, wenn ihm etwas nicht passt; das und der fehlende Kopfschutz wurden ihm zum Verhängnis. Beim Führen auf die Rampe kam er zu dicht an die Seite des Hängers, in diesem Moment entzog er mit einem Kopfschicken das Seil aus den Fingern meiner Tochter und landete mit dem Kopf auf der Verriegelung der Anhängertür.

Ergebnis war eine blutende Schramme in Augennähe. Er hatte noch einmal Glück im Unglück: Einen Zentimeter weiter und das Auge wäre endgültig zerstört gewesen. So haben wir alle aus dem Unglück gelernt und werden solche Aktionen nicht mehr ohne Schutz durchführen – zum Wohle, der uns Anvertrauten!

Dieses Foto entstand nach dem Unfall, gut daran zu erkennen, dass Mighty seine Maske trägt. Obwohl er sich so arg verletzt hatte, ist er doch nach einem zweiten Anlauf in den Hänger gegangen. Ich denke, einen besseren Vertrauensbeweis konnte er uns nicht schenken. Danke Mighty! Wir sind so stolz auf ihn und glücklich, dass nicht mehr passiert ist.

Bei der Hängerfahrt sollte nach Möglichkeit ein zweites Pferd mitgenommen werden, an dem sich das blinde Pferd orientieren kann und das ihm Sicherheit bietet. Zur Vorbereitung des Transports eines zuvor nicht gefahrenen Pferdes ist es wichtig, einige Dinge zu beachten. Behalten Sie Ruhe, sprechen Sie ruhig. Leute, die ihnen helfen (das sollten nur ein oder zwei sein), sollten am besten gar nicht oder nur sehr leise sprechen. Parken Sie den Hänger nach Möglichkeit vor einer Stallgasse oder an einer Wand. Streuen Sie reichlich Streu (Späne, Stroh) in den Hänger und vor allem auf die Rampe, damit das fremde Geräusch der Rampe gedämpft wird. Halten Sie auf der Rampe inne, sollte ihr Pferd Angst haben, und geben Sie ihm die Möglichkeit, alles zu beriechen und kennenzulernen.

Machen Sie bitte nicht den Fehler, einen Hänger zu benutzen, in dem zuvor Nutzvieh (Schweine) transportiert wurden. Pferde regieren sehr stark abweisend auf solche Fremdgerüche. Wichtig ist auch zu überprüfen, ob die Rampe sicher aufliegt und nicht wackelt. Am Anfang ist es hilfreich, die Trennwand, weit zu stellen. Dinge, die herunterhängen könnten (Dachplane), müssen weggebunden werden, damit das Pferd diese nicht berührt und erschrickt. Ist Ihnen Ihr Pferd brav gefolgt, loben Sie, eventuell füttern Sie es im Hänger und wiederholen die Übungseinheit.

Futter

Die Fütterung blinder Pferde entspricht derer gesunder und sollte sich nach der geleisteten Arbeit richten. Da aber bei der PA immer wieder Schübe auftreten, welche mit erhöhtem Augeninnendruck einhergehen, sollte man auf Getreide- und Ölzugaben im Futter in dieser Zeit verzichten.
Getreide speichert Wasser im Körper und lässt so den Augeninnendruck steigen. Kraftfutter wie Hafer oder Müsli kann man als Mischfutter kaufen oder auch in einer Mühle vor Ort frisch gequetscht oder geschrotet erwerben. Wichtig ist die Qualität. Gute Qualität ist meist am ehesten vor Ort zu erhalten, da dieses Getreide keinen langen Transport hinter sich hat oder lange Lagerung braucht.

Achten Sie auch auf die Zusätze. Meist brauchen Pferde weit weniger Mineralien als angegeben. Überdosierungen von Spurenelementen und Mineralstoffen können zu Organschädigungen führen. Etwas anders ist es, wenn sich Ihr Pferd in einem Mangelgebiet befindet. Dann müssen Sie zufüttern. Meist fehlt Selen oder Jod. Schwitzt Ihr Pferd viel, sei es durch Arbeit oder durch heiße Sommertemperaturen, muss entsprechend mehr zugeführt werden. Dabei kann Natriummangel über ein Salzleckstein ausgeglichen werden. Ein natürlicher Salzleckstein enthält natürliche Mineralstoffe und Spurenelemente und kann somit auch als zusätzliches oder alternatives Mineralfutter (ohne synthetische Zusätze) dienen.

Unruhigen Pferden kann durch Magnesiumgabe geholfen werden. Wichtig ist, dass das Pferd jederzeit ungehindert Zugang zu seinem Raufutter hat und nicht durch andere

Herdenmitglieder gestört wird. Sollte das Pferd nicht genügend Heu aufnehmen, kann dies zu Koliken, Unruhe oder gar zu Depressionen führen. Um dem vorzubeugen, ist die zusätzliche Gabe von Stroh hilfreich. Es beschäftigt und macht nicht so schnell dick wie relativ »frisches« Heu.

Das Führen eines blinden Pferdes

Eines meiner Lieblingszitate lautet: »Sie reiten das Pferd, das sie führen.« Dieser Ausspruch stammt von John Lyons, einem anerkannten und bekannten Western-Trainer. Er zeigt, welche Priorität die Bodenarbeit hat. Ein Pferd, das sich nicht am Boden führen lässt, wird auch vom Sattel aus schwer regulierbar sein. Warum sollte sich das Pferd auf seinen Reiter einlassen, wenn es ihm schon am Boden misstraut?

Ein blindes Pferd wird vielleicht nicht durchgehen, aber es wird sich in einer schwierigen Situation wahrscheinlich nicht mehr von der Stelle rühren oder gar nur rückwärts laufen. Wichtigstes Hilfsmittel für die Arbeit mit dem blinden Pferd (anders als bei einem sehenden Pferd – da wird hauptsächlich die Körpersprache genutzt) ist die Stimme. An dieser wird sich das Tier als erstes orientieren.

Die menschliche Stimme kann je nach Tonlage, Klang und Aussprache beruhigen, leiten, (auf)fordern, warnen, motivieren, stoppen, aber auch blockieren. Ziel ist es, die Stimme mit der Berührung zu verbinden, sodass ein Kommando später auch ohne Berührung ausgeführt werden kann. Die Stimme aber sollte das Pferd immer vorbereiten. Sie sagt ihm, dass gleich ein Befehl kommen kann, sei es mit Gerte oder Longe. Dann ist das Pferd vorbereitet und kann sofort reagieren.

Sollte es nicht reagieren, so muss mit mehr Druck motiviert werden und das Ziel verfolgt und auch durchgesetzt werden. Ein »How« ist ein »How«! Und das Pferd sollte aus dem Schritt sofort stehen und nicht erst nach 10 Metern auf den Gedanken kommen, es könnte ja mal stehen bleiben. So wird es seinen

Trainer nicht ernst nehmen und an eine weitere Arbeit ist gar nicht zu denken.

Beachten Sie, dass Ihr Pferd sehr geräuschempfindlich ist, und ziehen Sie bei der Arbeit mit ihm keine Sachen an, die knistern, rauschen oder flattern, diese lenken die Aufmerksamkeit Ihres Pferdes ab oder können es gar erschrecken.

Wichtig für die gesamte Ausbildung eines jeden Pferdes ist die sogenannte Konditionierung. Man hat dies vielleicht schon im Zusammenhang mit Hunden gehört: Das klassische und bekannteste Beispiel ist der Pawlowsche Hund: Die Gabe von Futter wurde immer mit einem Glockenton verbunden. Nach mehreren Wiederholungen war schon allein auf den Glockenton hin ein Speichelfluss des Hundes zu beobachten. Es entsteht ein bedingter Reflex.

Ihm gegenüber steht der unbedingte Reflex, der im Verlauf der Entwicklungsgeschichte der Pferde entstanden ist. Dazu gehören der Schutz-, Flucht-, Nahrungs- und Paarungsreflex. Diese Reflexe können zum Beispiel ein Pferd veranlassen, beim Reiten durchzugehen. Hinsichtlich der Reflexe unterscheidet man klassische und operante Konditionierung. Die klassische Konditionierung betrifft ausgelöstes Verhalten: Das Pferd zeigt ein bestimmtes Verhalten auf ein Signal. Dieses Signal erfolgt immer vor dem Reiz.

Beispiel: Ich möchte die Hufe auskratzen, stelle mich also neben mein Pferd und sage »Fuß«. Die meisten Pferde werden meist noch bevor ich das Bein berühre ihren Fuß hochheben. Das heißt, hier reicht als Signal schon das Hinunterbeugen zum Pferdebein, bevor der eigentliche Reiz unserer Hand das Heben des Beines auslöst. Klassische Konditionierung ist also ein Lernen durch Gewohnheit und funktioniert auch ohne Lob.

Lernt das Pferd etwas Neues, das sein spontanes Verhalten betrifft, spricht man von operanter Konditionierung. Man kann das Verhalten seines Pferdes formen, je nachdem, was man belohnt und was nicht. Das wird in der positiven und der negativen Verstärkung beschrieben: Auf ein gewünschtes Verhalten folgt ein angenehmer Reiz (z. B. Leckerli, Zuwendung etc.).

Das Pferd bekommt ein Leckerli, weil es bei Berührung sein Bein gehoben hat. Bei dem negativen Verstärker wird ein unangenehmer Reiz entfernt (z. B. Druck, Angst, Lärm etc.). **Ein negativer Verstärker darf nicht mit einer Bestrafung verwechselt werden.** Es können z. B. die Hilfen beim Reiten sein: Der Druck des Schenkels (Kreuzes) vermindert sich oder fällt ganz weg, sobald mein Pferd reagiert.

Achtung! Der positive Verstärker sollte attraktiv bleiben. Die Wirkung einer Belohnung bleibt nicht nur aus, wenn sie zu schwach ist, sondern auch, wenn sie zu häufig erfolgt. Ein erlerntes Verhalten wird zuverlässig gefestigt, wenn es nur hin und wieder eine Belohnung dafür gibt. Wenn also das Pferd die Übung beherrscht, bekommt es nur noch manchmal ein Leckerli dafür. So stellt man sicher, dass die Lektion gefestigt und nicht vergessen wird.

Das kann natürlich auch mit unerwünschtem Verhalten passieren. Möchten Sie dieses Verhalten abstellen, müssen Sie und alle anderen es konsequent ignorieren. Reagiert das Pferd z. B. nicht wie gewünscht, indem es das touchierte Bein nicht hebt und stattdessen mit dem Schweif schlägt, so sollten Sie das ignorieren. Sollte es aber einen Schritt vor oder zurück machen, empfehle ich, das Pferd wieder in die Anfangsposition zurückzubringen, es also zu korrigieren. Bestrafungen nehme ich persönlich nur sehr ungern vor, und zwar nur dann, wenn Gefahr droht, wie etwa ein Tritt gegen mich.

1. Gebot für alle Arbeiten am blinden Pferd ist Geduld und Zeit.

Im Vordergrund steht der Vertrauensaufbau – Vertrauen ist die Grundlage zum Verständnis!

Setzen Sie sich nur kleine Ziele. Manchmal geht es zwei Schritte zurück, bevor es einen vorwärts geht. Sprechen Sie Ihr Pferd schon frühzeitig an, bevor Sie es berühren oder andere laute Geräusche verursachen. Erschrecken kann zu Verletzungen führen!

Beim Führen müssen Sie vorausschauend arbeiten. Das Sehen Ihres Pferdes ist jetzt Ihre Aufgabe. Da kann schon mal die Tür zu eng sein und das Pferd schrammt sich die Seite, oder Bodenschwellen sind im Weg, die zum Stolpern führen.

Maite hier mit Bommel und dem Stimmkommando »Hepp«

Um hier vorzusorgen, müssen Sie von Anfang an die Augen nicht nur nach vorne, sondern auch nach hinten richten.

Aber es gibt auch Situationen, in denen Vorsicht allein nicht ausreicht. Solche Situationen können z. B. Hindernisse sein, die nicht umgangen werden können. Das können Gräben, quer liegende Baumstämme oder ähnliches sein. Beginnen Sie mit einfachen Lektionen wie Anhalten oder einfachen Richtungswechseln.

Das Pferd sollte auf Stimme oder auf leichte Berührung reagieren.

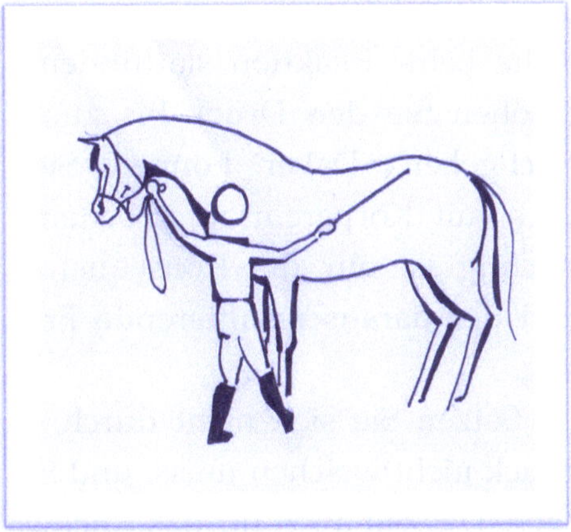

Führen Sie Ihr Pferd nah neben sich, in der freien Hand halten sie eine Gerte oder Stick. **Er dient zur Verlängerung des Armes. Er dient nicht als Peitsche! Vielmehr kann mit diesem Instrument gestreichelt oder heikle Stellen des Pferdes berührt werden.** Er hilft, Ihren persönlichen Bereich über die Reichweite Ihres Armes hinaus zu vergrößern. In Stall und Box kann es hilfreich sein, das Pferd direkt am Kopf zu führen.

Zum Anhalten geben Sie ein Stimmkommando (z. B. »How«) und wenn nötig eine leichte Parade am Führstrick. Bei Erfolg loben Sie über Stimme oder Stick. Im Grunde genommen ist es nicht viel anders, als bei einem sehenden Pferd: Sobald das Tier auf uns reagiert, geben wir nach und loben. Es wird bei einem blinden Pferd aber nicht über Körpersprache agiert, sondern über die anderen freien Sinne.

Soll die Hinterhand bewegt werden, sollte das Pferd an die Berührung von Gruppe und Hinterbein schon gewöhnt sein.

Stellen Sie sich seitlich zum Pferd und geben Sie ein Stimmkommando (z. B. »Geh«). Gleichzeitig berühren Sie mit Stick oder Gerte die Hinterhand. Schon die Tendenz eines Weichens wird mit Stimme und Streicheln des Sticks gelobt, dabei wird der Druck gemindert oder ganz weggelassen. Sollte keine Reaktion stattfinden, erhöhen Sie den Druck bis zum Nachgeben. Dabei können Sie auch mit Körpereinsatz arbeiten. Wichtig ist nur die Konsequenz und der daraus resultierende Erfolg.

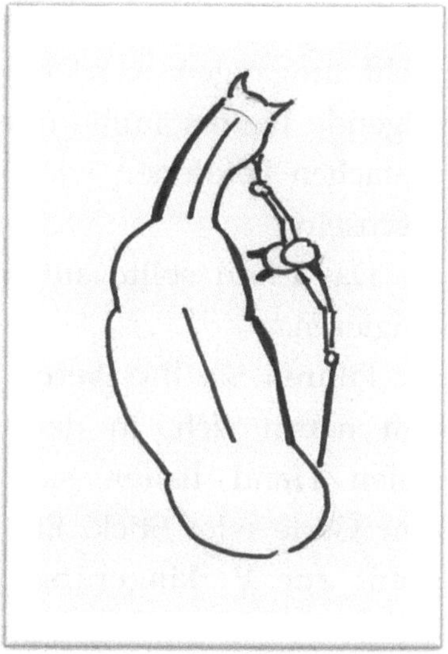

Setzen Sie sich nicht durch, lernt ihr Pferd, dass es dem Druck nicht weichen muss, und Sie haben keine weitere Handhabe. Das gilt auch für das Rückwärts-Richten. Üben Sie etwas Druck auf die Nase ihres Pferdes aus, geben Sie das Kommando »Back« (zurück) und touchieren Sie die Brust des Tieres. Sobald es weicht, müssen Sie sofort nachgeben und loben.

Um Hindernisse zu überwinden, empfehle ich, zur Übung eine Stange auf den Boden zu legen. Führen Sie das Pferd bis zur Stange, halten Sie kurz davor an und geben Sie dann ein Stimmkommando (z.B.: »Achtung« oder »Hopp«). Berühren Sie das Pferd am Röhrbein und gehen Sie beim Heben des Beines über die Stange.

Diese Übung sollte so lange wiederholt werden, bis das Pferd nur noch auf das Stimmkommando reagiert, das Hindernis sucht und selbstständig überwindet.

Geben Sie dem Pferd immer die Möglichkeit, das Hindernis selbst zu untersuchen.

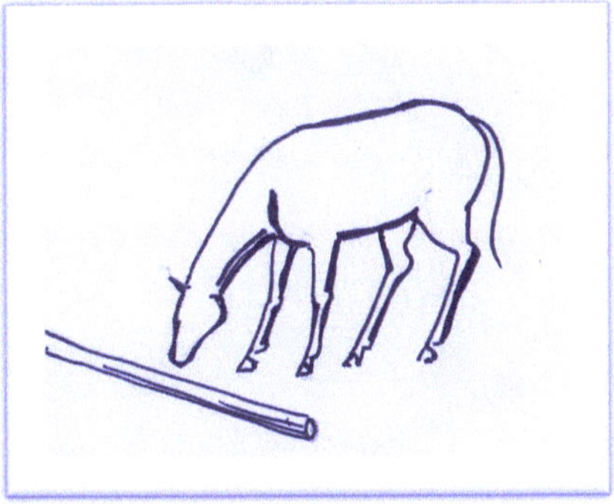

Sie können auch **Gymnastik** mit in das Trainingsprogramm einfließen lassen. Dies ist wichtig für die Balance, Dehnung, Durchblutung und den Muskelaufbau. Ich arbeite mit Leckerlis, Clickertraining ist aber auch sehr hilfreich.

Der »Click« ist ein akustisches Signal, das die Kommunikation mit dem Pferd wesentlich vereinfacht, da man mit dem Clicker deutlich schneller und präziser reagieren und loben kann, als mit Stimme oder Leckerli. Dadurch versteht das Pferd schneller, was von ihm verlangt wird.

Gymnastisieren ist für alle Pferde sinnvoll, aber gerade das blinde Pferd profitiert davon. Denn aufgrund seiner Erblindung muss es vermehrt sein Gehör einsetzen. Dafür legt es den Kopf häufig in Schieflage, was wiederum zu Verspannungen führen kann. Um dem vorzubeugen, gymnastisiere ich das Pferd; es wird gedehnt und feste Muskulatur dadurch gelockert.

Bevor Sie beginnen, sollte Ihr Pferd schon etwas aufgewärmt sein. Lassen Sie es einfach ein paar Runden traben oder flott Schritt gehen. Stellen Sie sich ruhig an Ihr Pferd, berühren Sie es in Streichbewegungen vom Kopf bis zum Schweif. Ist Ihr Pferd entspannt (es senkt den Kopf und atmet gleichmäßig), können Sie beginnen.

Zur Dehnung der Halsregionen nehmen Sie den Kopf Ihres Pferdes in die Hand und versuchen Sie es Richtung Mittelhand zu bewegen. Ebenso können Sie durch leichten Druck auf das Genick das Absinken des Kopfes erreichen. Sobald das Pferd reagiert – das gilt für alle Übungen – sollte der Druck verringert werden. Ein Leckerli erleichtert diese Aufgaben.

Um die Gliedmaßen zu dehnen, stellen Sie sich so neben Ihr Pferd, als wollten Sie die Vorderhufe auskratzen. Nehmen Sie den Huf auf und bewegen ihn samt Vorderbein vorsichtig in Richtung Pferdekopf. Üben Sie nicht zuviel Druck aus und machen Sie nur das, was auch ihr Pferd zulässt. Danach bewegen Sie das Bein in die entgegengesetzte Richtung. Ebenso verfahren Sie mit den anderen Beinen.

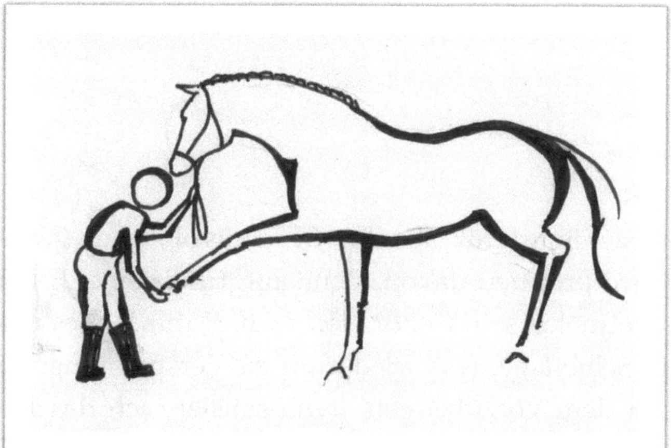

Longieren

Longieren dient dem Konditionstraining, Koordinationstraining und Konzentrationstraining und bereitet das Pferd physisch wie psychisch auf das Reiten vor.

Für das Longieren ist der Zeitpunkt der Erblindung entscheidend. Ein Pferd, das das Longieren sehend erlernt hat, wird es auch blind leichter haben. Aber auch das vorher erblindete kann über die Doppellonge anlongiert werden.

Durch die Doppellonge haben Sie die Möglichkeit, wie beim Reiten von beiden Seiten auf Ihr Pferd einzuwirken. So können Sie das Nach-Innen-Ziehen verhindern. Es gibt Ihnen und Ihrem Pferd mehr Möglichkeiten und auch mehr Sicherheit.

Um einem blindem Pferd das Longieren mit einer Longe zu erleichtern, habe ich einen Weg gefunden, der Reiter und Pferd gleichermaßen entgegenkommt. Da sich ein blindes Pferd etwas unsicher an der Longe bewegt, ist es für jede Hilfestellung dankbar. Wird es nur am Kopf gehalten, kann es passieren, dass sich der Radius des Zirkels stetig verkleinert. Um dem entgegenzuwirken, befestige ich die Longe nicht nur am Kopf, sondern mit Hilfe eines Halsseiles auch am Hals.

Am besten nutzen Sie hierfür ein Knotenhalfter. Es eignet sich besser als ein normales Halfter, da die Longe nicht direkt am Kopf befestigt wird. Das Halsseil sollte nicht zu leicht sein, damit es bei der Arbeit Anlehnung findet und nicht nach vorne rutscht. Der Kopf wird nicht nach innen gezogen, das Pferd ist relativ gerade gerichtet. Es hat eine zusätzliche Anlehnung gefunden.

Longieren sollten Sie anfangs möglichst zu zweit. Gehen Sie mit dem Pferd den Zirkel ab, danach gehen Sie ans Longenende und ein Helfer führt das Pferd weiter. So erarbeiten Sie im Schritt wichtige Elemente wie Anhalten oder Rückwärtsrichten.

Wichtigste Hilfe ist die Stimme. Longieren Sie auf dem Platz oder in der Halle. In einem begrenzten Roundpen wird ihr Pferd vermehrt nach innen drängen, ihm wird schwindelig, und es kann stürzen. Aber auch auf dem Platz sollten Sie die Dauer des Longierens individuell begrenzen. Zum Schutz der Pferdebeine empfehle ich Bandagen oder Gamaschen.

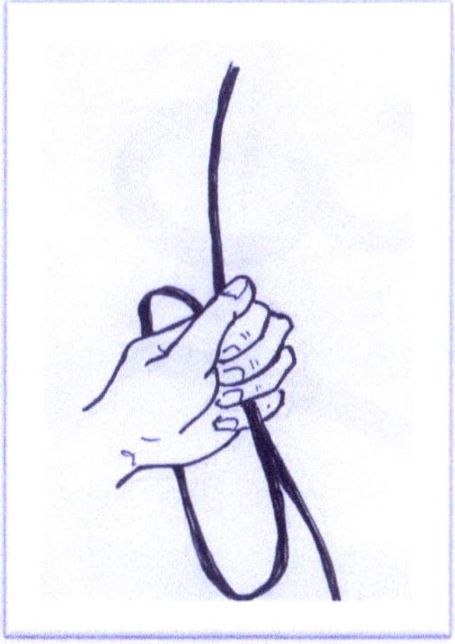

Gehalten wird die Longe wie ein Zügel. Wickeln Sie die Longe niemals um die Hand. Denn sollte sich das Pferd erschrecken und losrennen, können Sie sich nicht mehr von der Longe befreien und fügen sich schwere Verletzungen zu. Tragen Sie beim Longieren Handschuhe, diese schützen vor Brandblasen. Die Longierpeitsche dient zur Verständigung mit dem Pferd und nicht zur Bestrafung.

Geben Sie das Kommando »Schritt« und touchieren Sie gleichzeitig mit der Peitsche die Hinterhand. Falls das Pferd nicht reagiert, sollte der Helfer das Pferd anführen. Zum Anhalten sagen Sie wieder »How« und geben über die Longe eine ganze Parade. Mit dem Annehmen und Nachgeben der Longenhand üben Sie dabei leichten Druck auf das Pferdemaul aus. Der Helfer lobt mit Berührung und der Longenführer mit der Stimme.

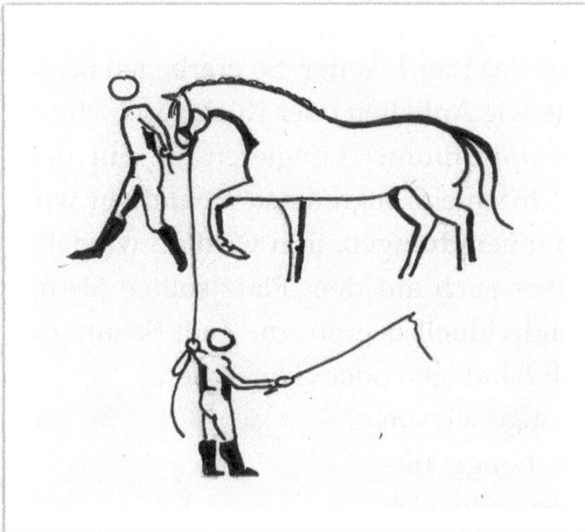

Reiten, der Vertrauensbeweis

Was und wieviel kann ich mit meinem blindem Pferd machen? Wichtig für Reiter und Pferd ist erst einmal, Verständnis füreinander zu erlangen. »Denken Sie daran, dass Druck motiviert, aber dass Nachgeben lehrt! Wenn Sie Ihrem Pferd also etwas beibringen wollen, dann müssen Sie ihm viel Zeit zum Nachdenken geben.«[7]

Für das Reiten blinder Pferde gilt das gleiche wie für das Reiten sehender: Nicht jedes Pferd muss, will oder soll geritten werden. Aber nichts spricht dagegen, ein von der Blindheit abgesehen gesundes Pferd zu reiten.

[7] Karen Rohlf, in: »Dressage naturally«

Es ist natürlich einfacher für das Pferd, wenn es vor der Erblindung schon unter dem Sattel gegangen ist. Eine gute Grundausbildung vereinfacht das Reiten blinder Pferden maßgeblich. Unser Mighty zeigt, wie leicht sich ein blindes Pferd auf neue Situationen einstellen kann. Schon nach zwei Wochen meisterte er das Halsringreiten mit meiner Tochter. Und nach einem Jahr war es ihr sogar möglich, Mighty ohne »alles« zu reiten. Bei ihm wird die gute Vorarbeit ersichtlich. Mighty war Western ausgebildet und auch auf Turnieren gestartet.

Aber auch ein vor der Erblindung noch nicht eingerittendes Pferd kann geritten werden. Wichtig ist Vertrauensaufbau und die nötige Geduld. Geritten wird das sehende Pferd ja auch über den Sitz und die Hilfen: Stimmhilfen, Berührungshilfen, Gewichtshilfen, Balance- und Zügelhilfe und deren Einwirkung.

Und in manchen Situationen bin ich sogar mit meinem blinden Pferd im Vorteil, gerade dann, wenn andere Pferde kleine grüne Monster sehen - und erschrecken. Nantan erschreckte sich immer vor Regenschirmen. Als er sie nicht mehr sehen konnte, war auch diese Angst verschwunden.

Dafür wurde Nantan durch seine Blindheit geräuschempfindlicher. Ich konnte ihn nicht mehr in der Show einsetzen, denn das Händeklatschen machte ihm jedes Mal Angst.

Geben Sie Ihrem Pferd Zeit, sich an die Blindheit zu gewöhnen. Erst wenn sich das Pferd mit der Blindheit arrangiert hat, macht es Sinn, sich auf das Pferd zu setzen. Beginnen Sie wie mit einem rohen Pferd. Nehmen Sie sich einen Helfer und gewöhnen Sie Ihr Pferd wieder an Sattel und Trense. Lassen Sie es daran riechen, bevor Sie sie anlegen. Danach gehen Sie mit Ihrem Pferd spazieren und wiederholen den Vorgang, bis Sie sicher sind.

Sie können aufsitzen, wenn das Pferd sicher auf Ihre Stimme und Berührung reagiert und Ihnen vertraut. Dabei hält jemand das Pferd fest. Bleiben Sie sitzen, wenn Ihr Pferd ruhig bleibt, aber steigen Sie ab, wenn es sich unwohl fühlt, und machen Sie erst nach einer Pause weiter. Ist das Pferd ruhig, nehmen Sie die Zügel auf und geben soviel Kreuz- und Schenkelhilfe wie nötig, bis das Pferd sich bewegt. Der Helfer übernimmt nur die Funktion der Sicherung.

Das blinde Pferd im Gelände

Die Sonne scheint und die Vögel singen: Was gibt es Schöneres, als jetzt auszureiten und die Natur zu genießen. Das sollte auch mit einem blinden Pferd kein Problem darstellen, wenn zuvor geübt wurde.

Im Training muss großes Augenmerk auf die Sicherheit gelegt werden. In der Bahn üben Sie das kontrollierte Anreiten und Anhalten. Ihr Pferd sollte sicher an den Hilfen stehen, das heißt: Es sollte Ihnen jederzeit möglich sein, Ihr Pferd abzuwenden oder anzuhalten. Es darf sich nicht seit- oder rückwärts entziehen, denn im Gelände könnte sich genau dort ein Hindernis befinden und das Pferd stürzen.

Ebenso ist es wichtig, dass Ihr Pferd relativ schnell Ihren Anweisungen folgt. Es darf beim Überqueren einer Straße nicht die Hinterlassenschaften seines Vordermannes erkunden, auch wenn Sie das an anderer Stelle erlauben würden.

Bevor Sie das erste Mal ins Gelände gehen, ist es ratsam, das Pferd die Strecke zu führen, damit es die Umgebung mit all ihren Geräuschen und Gerüchen kennenlernen kann. Das Pferd kann all diese Sinneseindrücke in Ruhe verarbeiten, und Sie haben die Möglichkeit, Ihr Pferd ohne Gefahr zu studieren und so sein Verhalten kennenzulernen.

Beschränken Sie Ihren ersten Spaziergang und den folgenden Ausritt auf ein paar Minuten. Erweitern Sie Ihren Radius, sobald Sie sich sicher fühlen und Ihr Pferd es zulässt. Entgegenkommende Spaziergänger mit Hunden sollten Sie anfangs darum bitten, ihren Hund zu sich zu rufen, da ein »wuselndes Etwas« am Boden Geräusche erzeugt, die Ihr Pferd nicht kennt oder falsch interpretieren könnte (Raubtier). Dann kann es erschrecken und auch die Spaziergänger verschrecken.

Wenn Sie sich bei einer Gefahrensituation nicht sicher sein können, halten Sie an oder steigen Sie im Zweifelsfalle ab.

Auf (Feld-)Wegen sollten Sie versuchen, Abstand zum Rand zu halten, da dort der Boden meist uneben ist und das Pferd stolpern könnte. Beim Durchqueren von Bächen und anderen Wassern sollte ein sicheres Pferd voraus gehen. Geben Sie Ihrem Pferd auch hier viel Zeit, sich an die Geräusche und die Umgebung zu gewöhnen. Das ist Vertrauensarbeit!

Wenn Sie anfangs Einfühlungsvermögen zeigen, wird Ihnen Ihr Pferd überall hin folgen. Meist fühlt sich das blinde Pferd in einer Gruppe an einer hinteren Position wohler, da es sich dort sicher fühlt und dem Vorgänger nur folgen muss – aber es gibt auch die berühmte Ausnahme. Nantan ging noch nie gerne hinten. Das änderte sich auch nicht mit seiner Erblindung. Ich glaube, das hatte mehrere Gründe. Zum einen glaube ich, dass er hinten Angst hatte, seine Gruppe zu verlieren, aber auch, weil er gerne das Tempo vorgab und recht flott marschierte. Sein Charakter spielte auch eine Rolle. Nantan konnte hin und wieder seinen »Macho« (auch wenn der recht liebenswert war) nicht unterdrücken. Gerade wenn Stuten mit dabei waren, gebärdete er sich manchmal wie ein Hengst und stolzierte vor der Gruppe wie ein Hahn.

Die meisten blinden Pferde sind intelligent genug, um vorsichtig mit ihrer Umwelt zu agieren. Sie vermeiden erfolgreich schmerzlichen Kontakt mit ihrer Umgebung. Es ist sogar möglich, sein Pferd in der Führanlage laufen zu lassen.

Für die fast blinde 14-jährige Appi-Stute Hatifa von Vivienne ist dies scheinbar kein Problem (siehe Foto).

Aber dennoch kann es immer wieder passieren, dass sich Ihr Pferd irgendwo anstößt und sich Kratzer und Beulen holt. Sollten Sie nicht wissen, wie ein blindes Pferd versichert wird, kann ich Sie beruhigen: Ich habe mit meiner Versicherung Rücksprache gehalten und mir wurde zugesichert, dass kein Unterschied zwischen einem blinden und einem sehenden Pferd gemacht wird. Bleiben Sie also bei der nächsten Schramme Ihres Pferdes oder der eines Autos ruhig und versuchen Sie stattdessen mit dem richtigen Umgang mit Ihrem Tier diese Unfälle zu verringern.

Das schreckhafte Pferd

Pferde sind in ihrem Charakter so unterschiedlich wie wir Menschen. Da gibt es den freundlichen, aber faulen, nicht aus der Ruhe zu bringenden, dicken, braunen Wallach und auf der anderen Seite den neugierigen, arbeitsfreudigen, aber hektischen, großen Schimmel und die etwas zickige, nervöse, aber sensible, kleine, schwarze Stute.

An uns liegt es, die positiven Charaktermerkmale zu verstärken und die negativen abzuschwächen. Man sollte dem Pferd aber nicht seine Persönlichkeit nehmen. Von Natur aus sind die meisten Pferde zugänglich. Nur durch falschen Umgang mit dem Menschen werden sie negativ konditioniert.

Ein schreckhaftes Pferd zu reiten, ist wahrscheinlich gefährlich - ein schreckhaftes blindes Pferd zu reiten, ist garantiert gefährlich.

Die Vertrauensarbeit unterscheidet sich nicht wesentlich zwischen dem sehenden und dem blindem Pferd. Der Fokus liegt aber anders. Während das gesunde Pferd sich hauptsächlich optisch orientiert erschreckt, wird das blinde Pferd sich natürlich eher über laute, unbekannte Geräusche erschrecken.

Um das blinde Pferd an das angstauslösende Ereignis heranzuführen, um es daran zu gewöhnen, ist eine Desensibilisierung erforderlich. Dafür reicht es schon, den Lärm oder das Knistern so leise und so gering wie möglich zu halten, das Pferd mit viel Lob heranzuführen und die Übung solange zu wiederholen, bis das Pferd keine Reaktion mehr zeigt.

Erst dann sollte das Ereignis verstärkt werden. Töne von fliegenden Jets kann man vom Tonträger laufen lassen und mit der knisternden Plane kann man im angemessenen Abstand rascheln und diesen Abstand zum richtigen Zeitpunkt verkürzen.

Erschrickt das Pferd bei Berührungen, muss es vorher gewarnt werden. Nutzen Sie für Ihr Pferd ein Signalwort, bevor die Berührung mit dem Gegenstand kommt. Beruhigen Sie es durch Streicheln und mit ruhiger, tiefer Stimmlage. Loben Sie, sobald das Pferd den Zusammenhang erkannt hat.

Erschrecken vor unbekannten und plötzlichen Geräuschen und Gerüchen, vor allem im unbekannten Gelände, ist normal – solange es sich auf ein Zucken oder Innehalten beschränkt. Reagiert Ihr Pferd aber über und ist auch nur langsam zu beruhigen, sollten Sie Ihr Tier positiv ablenken. Eine Übung dazu könnte ein Summen Ihrerseits sein, welches Sie immer machen, wenn Ihr Pferd Futter bekommt. Sie konditionieren es so auf Ihre Stimme, Ihr Pferd verbindet das Summen mit etwas Positivem und wird im Schreckensfalle durch das Summen beruhigt.

Nantan ist nur ein Beispiel von vielen. Ich habe zuvor unter anderem schon Bommel erwähnt. Bommel ist ein 15-jähriger Appaloosawallach aus Luxemburg. Seine Besitzerin ist Maite Brachmont, und er ist seit sechs Jahren blind. Beide haben noch vor kurzem an Distanzritten teilgenommen.

Es gibt weitere, auch bekannte und erfolgreiche blinde Pferde. Ein Pferd ist der blinde Hengst »Hugin« von Bent Branderup. Bent Branderup, bekannt als Barockreiter und Gründer der *Academic Art of Riding*, brachte ihm die »Hohe Schule« bei. Hugin vermag noch im hohen Alter von 25 Jahren Lektionen wie Piaffe, Passage und Levade zu meistern. Ebenfalls erfolgreich war »Max«, das blinde Pferd von Thomas Blass. Er gewann nicht nur S-Dressuren, sondern auch das Intermédiaire und Platzierungen im Grand Prix. Ein weiteres erfolgreiches blindes Pferd ist »Highway«. Er nimmt zusammen mit seiner Reiterin Thea Müller an Europameisterschaften für junge Dressurreiter teil.

Mighty und Estrelle

Zu uns kam nach Nantan Mighty (Buggette). Während ich dieses Buch schrieb, erreichte mich eine E-Mail, in der mich eine Frau um Hilfe bat. Ihr Freund habe einen 14-jährigen Appaloosa, der an Periodischer Augenentzündung erkrankt war und nun wohl blind sei. Nach vielem Hin und Her, schlaflosen Nächten, ungewissen Gefühlen, vielerlei Ratschlägen anderer Leute wisse er nicht mehr weiter und wolle dieses Pferd einschläfern.

Seine Freundin zeigte Durchhaltevermögen und gab nicht auf. Sie schrieb mir eine E-Mail mit der Bitte, eine neue, gute Heimat für dieses Pferd zu finden. Ich war sofort Feuer und Flamme. Er sollte doch nicht sterben müssen, »nur« weil er blind ist. Ich fragte also meine Stallbesitzerin, gute Freundin der Pferde und mir, Isolde, nach einer freien Box. Und wir hatten Glück, das Pferd konnte kommen!

Als Mighty auf unserem Hof eintraf, waren alle gespannt, aber unsere Sorgen lösten sich in Luft auf. Er war ein »Sonnenschein«. Nach einer 4-stündigen Fahrt stieg er trocken aus dem Hänger und schaute gelassen in die Runde. Damit er sich seine Füße vertreten konnte, stellten wir ihn zunächst auf den Reitplatz. Damit er wusste, dass er nicht alleine ist, stellten wir ihm noch meinen Wallach Gerlan dazu. Es gab kein Treten, Rennen, Beißen, Schlagen oder Schreien, nein, sie beschnüffelten sich und fanden gleich einen Draht zueinander.

Dass dies kein Zufall war, zeigte der nächste Tag. Da sich Mighty so einwandfrei und unkompliziert benahm, beschlossen wir, ihn gleich am nächsten Tag in die Herde zu integrieren.

Und auch jetzt überraschte er uns – aber auch die anderen Wallache der Gruppe, neun an der Zahl. Ich habe noch nie ein so harmonisches Zusammenstellen von fremden Pferden gesehen, wie in diesem Fall. Natürlich haben wir Mighty vorher die Weide akustisch gezeigt!

Und auch der erste Ritt gestaltete sich sehr erfreulich. Mighty war zwar sehr vorsichtig und anfangs etwas unsicher, verhielt sich aber sonst einwandfrei. Beim Führen blieb er hinter mir und reagierte sehr fein auf Stimme und Berührungen.

Mighty ist ein gutes Beispiel dafür, dass mein Nantan kein Einzelfall war. Alle Beispiele vorher und auch Mighty bestätigen, dass blinde Pferde eine zweite Chance verdient haben.

Mighty Buggete, Appaloosa, 14 Jahre, durch PA erblindet

Mighty hat einen Stein ins Rollen gebracht. Nicht lange nachdem Mighty zu uns kam, erreicht mich ein neuer Hilferuf. Diesmal ging es um eine 18-jährige blinde Traberstute. Anfangs war ich bemüht, das Pferd gut zu vermitteln. Aber schnell wurde klar, dass es nicht dabei bleiben konnte. Die Stute war in einem sehr schlechten Zustand. Sie war vollständig abgemagert, ihre Hufe hatten schon lange keinen Schmied mehr gesehen, und die Augen waren wohl auch nicht behandelt worden. Eine Freundin erleichterte mir die Entscheidung. Sie ist Tierärztin und wollte mich mit »Estrelle« unterstützen.

Ich beschloss also, auch dieses Pferd aufzunehmen. Zunächst musste sie auf der Pflegestelle noch aufgepäppelt werden, da sie in ihrem Zustand nicht transportfähig war. Sie wurde vor Jahren vom Veterinäramt beschlagnahmt und ging dann von Ort zu Ort, bis sie vom Verein *Vier Hufe* gerettet wurde. Das rechte Auge von Estrelle ist nicht mehr funktionsfähig und im linken Auge befindet sich eine Entzündung, die seit Jahren nicht behandelt wurde. *Vier Hufe e.V.* kümmerte sich sofort um die tierärztliche Rundumversorgung. Die Tierärztin stellte einen alten Bruch des Unterkiefers, wohl durch einen Schlag, fest. Dadurch entstand ein Überbein, welches aber gut verheilt ist.

Estrelle hatte aufgrund der langen Hufe starke Muskelverspannungen. Auch dieses Problem wurde sofort behoben. Sie bekam Heucobs, Mash, Maiscobs, Seniormüsli, Biotin und diverse andere Mittel. Und langsam fing sie an, wieder aufzublühen - sie war so dankbar! Und dann war der Tag da, an dem sie bei uns einziehen konnte. Nach einer 6-stündigen Hängerfahrt mit Aufenthalt stieg auch sie trocken und gelassen aus dem Anhänger. Man sollte sich fragen, woher diese Pferde so viel Ruhe und Souveränität hernehmen. Die Aufregung anderer Pferde bei einer Hängerfahrt ist blinden Pferden fremd.

Meine Einstellung zu blinden Pferden wurde durch Estrelle wieder bestätigt. Auch sie vertraut und folgt dem Menschen ohne Zögern, ist verträglich mit ihren Artgenossen und lässt sich problemlos in Box und auf der Koppel halten. Ich glaube, Estrelle und die Umstände, in die sie geraten ist, sind die große Ausnahme. Die meisten erblindeten Pferde kommen aus einer gesunden, liebevollen Haltung. Sie haben eine gute Grundausbildung genossen, die es uns ermöglicht, eine gute Partnerschaft aufzubauen. Blindheit gilt für mich nicht als Krankheit, sie ist nur eine Einschränkung, und so sollte sie auch gesehen werden.

Ein Dankeschön an alle, die mich bei der Rettung von Estrelle unterstützt haben und noch unterstützen werden. Danke, *Vier Hufe & Co e.V.*, für den schnellen Einsatz!

Das kranke Pferd braucht Ruhe, Schonung und eine Therapie, es bekommt Medikamente, Salben, Verbände und Schonkost. Das ausgeheilte, an seine Blindheit gewöhnte Pferd braucht all dies nicht, es kann auf die Weide, und es kann mit ihm unter Berücksichtigung seiner Einschränkung gearbeitet werden.

Estrelle

Um Ihnen zu veranschaulichen und verständlicher zu machen, wie sich das blinde Pferd fühlt, stellen Sie sich vor (noch besser, Sie probieren es aus), Sie befänden sich in einem dunklen Raum ohne Gegenstände, also 4 Wände und Dunkelheit. Am Anfang werden Sie verunsichert sein und vielleicht Angst haben. Dann hören Sie die Stimme eines guten Freundes oder eines Familienangehörigen. Sie werden sich beruhigen, da die Stimme Ihnen Vertrautheit verheißt. Sie beginnen, mehr auf Geräusche und Gerüche zu achten, und bewegen sich langsam mit ausgestreckten Armen auf die Wand zu.

Sie wissen nicht, wann die Wand kommt, aber die Stimme wird Sie leiten, und so verlassen Sie sich auf sie. Nachdem Sie herausgefunden haben, in welcher Entfernung sich die Wände befinden, gehen Sie langsam im Raum umher. Sie werden merken, dass Sie immer sicherer werden und auch das Tempo erhöhen können, ohne anzustoßen. Sie werden sich sehr schnell zurechtfinden, auch wenn man Ihnen, nach Ankündigung, Hindernisse in den Weg legt. Sie werden diese sehr schnell in Ihre geografische Karte des Raumes aufnehmen.

Gesellt man Ihnen nun auch noch einen (sehenden) Freund dazu und dieser nimmt Sie bei der Hand – wieviel leichter wird Ihnen nun die Bewegung fallen! Dies alles geschieht in einem sehr kurzem Zeitraum von vielleicht ein, zwei Stunden. Ein Pferd hat Monate und Jahre, um sich auf die Veränderungen, die mit seiner Blindheit einhergehen, einzustellen.

Mit ihrer Unterstützung und der richtigen Pferdegesellschaft gibt es in den meisten Fällen keine Probleme bei der Haltung blinder Pferde. Die Beziehung zu einem blindem Pferd ist meist tiefgründiger und wird bewusster wahrgenommen. Dies ist deshalb nicht nur eine Chance für das Pferd, sondern für uns selber auch. Wenn wir uns die Möglichkeit geben, uns darauf einzulassen, eröffnet es uns nicht nur einen Prozess des Lernens und Handelns.

Ich bin immer wieder erstaunt darüber, wie viele Möglichkeiten mir in der Arbeit mit dem blinden Pferd offen stehen. Am Anfang beruht alles auf unserer Einstellung. Wichtig ist, unsere Voreingenommenheit abzulegen und unseren Geist frei zu machen. Ein gutes Beispiel liefern die Indianer. Als die Spanier ihr Land eroberten, brachten sie ihre Pferde mit. Das Wort Pferd gab es nicht in der Sprache der Indianer. Da es als Arbeitstier dem Hund am ähnlichsten war, wurde es »großer Hund« genannt. In einigen Stämmen war das Pferd sogar heilig. Der Hund war vor dem Auftauchen des Pferdes das einzigste Arbeitstier. Er trug und zog Lasten. Ein Pferd konnte das Siebenfache tragen und leistete vor allem den Frauen große Hilfe. Sie mussten nicht mehr das transportieren, was die Hunde nicht mehr tragen konnten.

Nachdem das Wildpferd eingefangen wurde, band man es mit einer sanften Stute einige Tage zusammen. Um es an den Menschen zu gewöhnen, beschäftigte sich sein Besitzer **täglich** mit dem Pferd, und so blieb es nach dem Losbinden meist in der Nähe von Stute und Mensch. Zum Einreiten führte man es in tiefes Wasser oder einen Sumpf. Dort konnte es nicht so leicht bocken, und die Stürze waren weit weniger gefährlich. Auch die Indianer kastrierten schon Hengste, da Wallache einfacher im Handling waren.

Eigentlich behandelten die Indianer ihre Pferde wie Hunde, sie kamen auf Zuruf, reagierten auf Handzeichen und waren Familienmitglied. In manchen Stämmen waren sie ein Geschenk Gottes und wurden auch so behandelt. Sie waren Zahlungsmittel und verschafften ihren Besitzern Vorteile in kriegerischen Auseinandersetzungen. Die Indianer banden (pflockten) ihre Pferde direkt vor ihrem Zelt an, aber nicht, weil sie Angst hatten, es könnte weglaufen, sondern um ihren Diebstahl zu erschweren.

Nantan vermochte nur auf Berührung und Stimme Lektionen durchzuführen, wie Schulter herein, Rückwärts richten, oder das Kompliment. Dabei war er ohne Zäumung und ich befand mich nur neben ihm. Um meine Anweisungen deutlicher zu machen und auch nur, wenn er auf meinen Stimmbefehl nicht reagierte, benutzte ich eine kleine Gerte. Er folgte mir wie ein Hund und war direkt versessen darauf, Lektionen zu zeigen. Es ist einfach außergewöhnlich, was diese Pferde leisten.

Aber auch Mighty verblüffte mich schon kurz nach seiner Ankunft. Nicht nur, dass er und meine Tochter eine besondere Bindung entwickelten, auch seine Feinfühligkeit faszinierte mich. Außenstehende bemerken seine Blindheit, z. B. beim Spiel von Mighty und meiner Tochter Viviane, nicht. Das Spiel heißt *Fangen* und ähnelt dem *Cutting*. Meine Tochter bewegt sich im Zickzack vor ihrem Pferd oder läuft vor ihm weg. Mighty reagiert sofort und folgt ihr und ihren Bewegungen augenblicklich.

Bleibt sie stehen oder wechselt sie die Richtung, dann macht er es auch. Es ist einfach magisch!

Nachwort

Viviane Drost, 13 Jahre

Als Nantan blind wurde, dachte ich zuerst, dass er eingeschläfert werden müsse. Doch meine Mutter kämpfte für ihn. Mit gutem Recht! Kein glückliches Pferd sollte sterben, nur weil es körperlich eingeschränkt (blind) ist. Der Meinung war auch meine Mutter.

Ich bekam Nantan, als Raika - mein vorheriges Pferd - starb. Ich bin sehr froh, dass ich die Gelegenheit hatte, ein blindes Pferd zu halten, obwohl ich zugeben muss, dass ich anfangs einige Bedenken hatte, ob meine Mutter und ich es gemeinsam schaffen würden. Doch meine Mutter hatte schon in den ersten Stunden Großes mit Nantan, geleistet und ich (und viele andere) wurden zuversichtlicher. Ich begann, meiner Mutter zu helfen, und lernte schnell und viel über blinde Pferde und ihre Verhaltensweisen.

Ich verstand sofort, dass das allerwichtigste das Vertrauen und die Geduld waren, und der blinde Schecke eroberte mein Herz. Und ich bin mir sehr, sehr sicher: Nicht nur meines! Ich glaube, dass aus dieser Möglichkeit ein Traum meiner Mutter wahr geworden ist: Nämlich mit Pferden zu arbeiten und ihnen zu helfen. Insgesamt hat mir diese Arbeit sehr viel Spaß gemacht und deshalb schwor ich mir (und ich glaube, meine Mutter auch) mein Interesse an blinden Pferden nicht so bald zu verlieren.

Ich glaube, dass sich in mir die Gefühle meiner Mutter gut widerspiegeln lassen. Doch es ist nicht möglich, ein Gefühl gleich zu fühlen ... Wir hatten so viel erreicht, und dann starb Nantan so plötzlich, dass meine ganze Welt zusammenbrach! Doch eines möchte ich noch sagen: Nantan war mehr als nur ein Pferd, er ist mein bester Freund!

In Gedenken an Nantan (kleiner Freund)

Carola Hartjes

Als meine Freundin Ellen Nantan kaufte, befand er sich noch im Mutterleib. Ellen liebte Pferde sehr, hatte jedoch nicht die finanziellen Mittel, um sich ein ausgebildetes Pferd zu kaufen. Mit Nantans Geburt ging ihr langersehnter Traum vom eigenen Pferd endlich in Erfüllung.

Nantan war ein aufgeweckter, äußerst charmanter kleiner Knappstrupperhengst, der allerlei Unfug im Kopf hatte, dem man aber nie böse sein konnte. Dem kleinen zweijährigen Hengst gefiel es auf der Stutenkoppel meist besser als bei seinen männlichen Artgenossen, und so sprang er annähernd täglich über die Zäune und sorgte dadurch für vielerlei Aufruhr bei den Stutenbesitzern. Zur Beruhigung aller und zum Schutze ihres kleinen Draufgängers ließ Ellen ihn zum Wallach legen. Sie begann, mit ihm spielerisch zu arbeiten, und der kleine Schimmel freute sich über seine neuen Aufgaben. Dabei stellte sich heraus, dass er sehr neugierig und lerneifrig war und die neuen Dinge seines Lebens förmlich aufsaugte – und sich über die neue Abwechslung freute.

Anfangs wurde er von Ellen nur geführt, wobei er lernte, dass er hinter Ellen gehen sollte. Als das gut funktionierte, fing sie an, ihn zu longieren. Er lernte über Stangen, Pfützen und Plastikbahnen zu laufen und fand heraus, dass Regenschirme keine fressenden Monster sind.

Als Ellen merkte, dass sie Nantans Vertrauen gewonnen hatte, gewöhnte sie ihn an das Kutschgeschirr und spannte ihn vor einen kleinen Sulkie.

Nantan war toll! Ich denke heute noch gerne und mit Wehmut an diese Zeit zurück, denn es war eine der schönsten in meinem Leben, unbeschwert und heiter. Es war einfach herrlich, auf den pendelnden, weiß glänzenden Schweif von Nantan zu blicken, durch den Wald zu fahren und den gleichmäßigen Hufschlägen zu lauschen.

Als Ellens Tausendsassa dreieinhalb Jahre alt war, wurde er von Ellen angeritten, was wegen der hingebungsvollen Vorarbeit völlig unproblematisch war. Er vertraute Ellen, und es war für mich ein tolles Erlebnis, dabei zu sein, wie der kleine Nantan erwachsen wurde. Ellen war sehr stolz auf ihren Schimmel und besuchte viele Turniere erfolgreich mit ihm.

Dann stellte sie fest, dass ihre Passion eigentlich eine ganz andere war. Das, was sie zum Teil unbewusst bei ihrer Ausbildung mit Nantan hatte einfließen lassen, sollte ausgebaut werden und bestimmt bis heute das Leben und Wirken von Ellen und ihren Pferden.

Natural Horsemanship, »Pferdeharmonie«

Eine Beziehung zum Pferd benötigt absolutes Vertrauen. Aus dieser Verbindung heraus entsteht Respekt. Nur wenn man von einem Partner respektiert wird, kann man ihm vertrauen. Das ist die Grundlage einer intakten harmonischen Beziehung.

»Führung braucht Vertrauen,
denn ohne Vertrauen, keine Führung.«

Ellen begann, mit Nantan zirzensische Pferdegymnastik und Zirkuslektionen einzuüben und stellte dabei fest, dass das bereits vorhandene Vertrauen sich vertiefte, bis hin zur bedingungslosen Hingabe. Der Wallach hatte super viel Spaß an der Arbeit und machte mit Begeisterung mit. Ich habe so vollendete Harmonie und blindes Vertrauen nie zwischen Pferd und Mensch erlebt und war/bin immer wieder aufs Neue beeindruckt. Nantan lernte Kompliment, Knien, Liegen und Steigen. Perfektioniert wurden diese Übungen durch die Freiheitsdressur.

Als Nantan erblindete, war das für Ellen ein schwerer Schlag. Es tat ihr weh, mit anzusehen, wie er von Tag zu Tag mehr Augenlicht einbüßen musste. Dennoch versuchte sie das Beste aus der Situation zu machen. Bestärkt wurde sie von seiner ungebrochenen Lebensfreude und dem bedingungslosem Vertrauen zu ihr. Sie begann, das bereits lang erlernte, das überwiegend von Gestiken bestimmt war, durch stimmliche Kommandos zu ersetzen, und siehe da, es funktionierte. Kein Außenstehender merkte sofort, dass Nantan blind war.

Sie ritt ihren Freund weiterhin auf dem Platz und im Gelände, nahm ihn sogar mit auf Suchritte, wo er die anspruchsvollen Trails trotz seiner Behinderung erstaunlich gut meisterte.

Faszinierend für mich war, als Ellen mit ihrem Pferd nach Holland reiste, um mit ihm am Strand entlang zu galoppieren und mit ihm schwimmen zu gehen. Für Pferde die noch nie am Meer waren, stellt die tosende Brandung eine sehr große Herausforderung dar.

Nicht für Nantan, er vertraute Ellen so bedingungslos, dass er letztlich mit ihr im offenen Meer schwamm. Ich war fassungslos, habe selbst seit Jahrzehnten Pferde, aber so eine Innigkeit habe ich nie mit meinen Pferden gelebt und erlebt.

Der kleine Tausendsassa kam in die Jahre und damit kamen dann leider auch verschiedene Krankheiten wie Cushing und letztlich auch Rehe dazu. Nantan ging es ganz schrecklich. Als er begann, sich vor Schmerzen in die Füße zu beißen, beschloss meine Freundin, ihn zu erlösen. Für Ellen brach die Welt zusammen.

»Als Gott das Pferd schuf, sprach er zu ihm: ›Dich habe ich geschaffen ohne Gleichen, zwischen deinen Augen ruht all die Schönheit dieser Welt.‹«[8]

Nantan sah nicht mit seinen Augen, sondern mit seiner Seele, in die er Zeit seines Lebens Ellen hineinschauen ließ.

Der Gedanke daran, dass andere blinde Pferde womöglich von ihren Besitzern eingeschläfert oder zum Schlachter gebracht werden, ließ Ellen keine Ruhe. Immerwährend Nantan im Herzen, beschloss sie, sich für diese einzusetzen. Sie schuf die Homepage »Pro Blind Horse« und entwarf diesen Ratgeber, um betroffenen Pferdebesitzern Hilfestellung zu geben, vor allem aber, um blinden Pferden ein schönes und pferdegerechtes Leben zu ermöglichen.

Ellen hat durch ihr Engagement weiteren Zuwachs im Stall bekommen, ganz plötzlich und unerwartet. Mighty, ein kleiner Schimmelwallach, welcher von seinen Besitzern hilfesuchend an Ellen abgegeben wurde. Mighty ist nun zwei Wochen bei Ellen. Er geht mit anderen Pferden auf die Weide, Ellen arbeitet mit ihm und alles in allem macht er einen sehr zufriedenen Eindruck.

---

[8] Zitat, Ursprung unbekannt.

»Den Menschen schuf Gott aus der Erde,
das Pferd aber schuf er aus Wind.«[9]

Daran muss ich besonders jetzt, in dieser herbstlichen Jahreszeit denken, wo der Wind braust und die bunten Blätter im Baum rauschen. Seltsam, dass gerade jetzt Mighty zu Ellen kam und das als optisches Abziehbild von Nantan.

9 Zitat, Ursprung unbekannt.

Ja, es ist alles andere als einfach! Ich weiß genau, wie es sich anfühlt. Man ist verzweifelt, zerrissen und weiß oft nicht mehr weiter. Ich war mehrmals nahe daran, alles zu beenden und mein Pferd gehen zu lassen.
Glaube mir, diese Wesen haben Fähigkeiten, die uns fremd sind, sie sind fähig, über sich zu wachsen und trotz allen Widrigkeiten ein glückliches Leben im Hier und Jetzt zu führen. Wir sind es, die mit dem Schicksal hadern. Er wird seinen Platz finden und seinen Weg gehen, vorausgesetzt, dass du ihm Zeit, Vertrauen und Liebe schenkst.

Eveline Tejero und ihr 9-jähriger, blinder PRE-Wallach Lucero

Augenkliniken für Pferde

Tierklinik Hochmoor
Von-Braun-Str. 10
D-48712 Gescher-Hochmoor
E-Mail: info@tierklinik-hochmoor.de

Tierärztliche Klinik Domäne Karthaus
Weddern 16c
D-48249 Dülmen
E-Mail: info@tierklinik-karthaus.de

Ludwig-Maximilians-Universität München
Klinik für Pferde
Veterinärstr. 13
D-80539 München
E-Mail: kontakt@pferd.vetmed.uni-muenchen.de

In eigener Sache

Alle, die mich in meiner Arbeit und der Rettung blinder Pferde unterstützen möchten, haben die Möglichkeit: Auf meiner Homepage »www.ellen-problindhorse.de« können Sie die aktuellen Kontodaten und Formalitäten einsehen. Der Verein KOMET, der sich der Rettung von Pferden verschrieben hat, bot mir eigens dafür seine Unterstützung an. Hierfür auch noch einmal ein großes Dankeschön.

Ellen Drost

WiSa